觉醒催眠

突破自我局限

李海峰　　孔德方　主编

华中科技大学出版社
http://press.hust.edu.cn
中国·武汉

U0641645

图书在版编目(CIP)数据

催眠觉醒：突破自我局限 / 李海峰，孔德方主编. -- 武汉：华中科技大学出版社，2025. 6. -- ISBN 978-7-5772-1900-4

Ⅰ. B841.4

中国国家版本馆 CIP 数据核字第 20256VQ198 号

催眠觉醒：突破自我局限
Cuimian Juexing: Tupo Ziwo Juxian

李海峰　孔德方　主编

策划编辑：沈　柳
责任编辑：沈　柳
封面设计：琥珀视觉
责任校对：程　慧
责任监印：朱　玢
出版发行：华中科技大学出版社(中国·武汉)　　电话：(027)81321913
　　　　　武汉市东湖新技术开发区华工科技园　　邮编：430223
录　　排：武汉蓝色匠心图文设计有限公司
印　　刷：湖北新华印务有限公司
开　　本：880mm×1230mm　1/32
印　　张：10
字　　数：233 千字
版　　次：2025 年 6 月第 1 版第 1 次印刷
定　　价：58.00 元

本书若有印装质量问题，请向出版社营销中心调换
全国免费服务热线：400-6679-118　竭诚为您服务
版权所有　侵权必究

序言 1

大家好，我是汤姆·史立福。从我 1984 年在美国催眠动机学院（HMI）开始学习算起，我在催眠领域已经奋战了 40 余年。

我与中国的缘分开始于 1994 年，我被邀请到中国台湾，在《超级星期天》等多个电视节目上表演催眠、传播催眠，我催眠了多位明星，让台湾刮起一阵催眠旋风，关于我的新闻被列为当年台湾的十大新闻之一。

2010 年，我跟孔德方先生相识。我跟他合作，在中国大陆先后开设 8 次科学催眠课程，为中国培养了 175 位专业严谨的科学催眠师。

在这 40 余年里，我最常回答的一个问题就是"催眠究竟有什么用"？ 而我的答案是：催眠是一种具有重大实践意义的心理学疗法。

在这本书中，你会看到我在中国的弟子们在各个领域大放异彩，我很高兴他们能通过这本书将自己的成果呈现在大家面前！

为了让我的弟子们合著的这本书更加有含金量，我决定公开我花费了很多年才收集到的各大学和医学中心关于催眠后暗示①的研究成果。具体如下：

1. 耶鲁大学——增强记忆能力

· 研究：调查催眠后暗示对提高学生记忆力的影响。

---

① 催眠后暗示是指在催眠状态下给受试者下达指令，让他们在醒来后执行。学术界和医学界对此进行了广泛研究，目的是了解其机制、有效性和潜在应用。

I

· 结果：参与者在回忆之前阅读过的文章中的具体细节方面有了明显改善。

2. 哈佛医学院——疼痛管理
· 研究：调查催眠后暗示对减轻患者慢性疼痛的效果。
· 结果：患者报告疼痛程度明显减轻，此状态在疗程结束后持续数周。

3. 斯坦福大学——减压
· 研究：分析催眠后暗示能否减轻大学生的压力和缓解焦虑。
· 结果：自我报告的压力水平和焦虑症状明显降低和减少。

4. 加利福尼亚大学伯克利分校——学习成绩
· 研究：测试催眠后暗示是否能提高大学生的学习成绩。
· 结果：与对照组相比，接受暗示的学生考试成绩有所提高。

5. 牛津大学——戒烟
· 研究：调查催眠后暗示在帮助戒烟方面的效果。
· 结果：与使用传统方法的戒烟者相比，催眠组的戒烟成功率更高。

6. 约翰斯·霍普金斯大学——手术后恢复
· 研究：评估使用催眠后暗示加速术后恢复的效果。
· 结果：接受暗示的患者恢复得更快，并减少了对止痛药的需求。

7. 多伦多大学——减肥
· 研究：探索催眠后暗示对减肥和饮食行为的影响。

· 结果:参与者表示饮食习惯更健康,体重在六个月内适度下降。

8. 密歇根大学——运动表现

· 研究:研究催眠后暗示对提高大学生运动员运动成绩的影响。

· 结果:提高了力量和耐力测试的成绩。

9. 伦敦国王学院——恐惧症治疗

· 研究:评估催眠后暗示在减少恐惧症反应方面的应用。

· 结果:与恐惧症相关的焦虑和回避行为显著减少。

10. 麻省总医院——失眠治疗

· 研究:调查使用催眠后暗示改善失眠者睡眠质量的效果。

· 结果:参与者报告睡眠开始时间和持续时间均有积极改变。

11. 芝加哥大学——认知行为疗法(CBT)效果增强

· 研究:将 CBT 结合催眠后暗示来治疗抑郁症。

· 结果:与只使用 CBT 相比,这种疗法让抑郁症状获得了更大程度的改善。

12. 悉尼大学——慢性疲劳综合征

· 研究:探索用催眠后暗示减轻慢性疲劳综合征的症状。

· 结果:参与者报告能量水平提高,精力充沛,疲劳减少。

13. 爱丁堡大学——公众演讲焦虑

· 研究:测试用催眠后暗示减少公众演讲中的焦虑。

- 结果：减少了焦虑，改善了演讲中的表现。

14. 卡罗林斯卡学院——创伤后应激障碍（PTSD）治疗

- 研究：使用催眠后暗示来减轻退伍军人的 PTSD 症状。
- 结果：PTSD 症状显著减轻，应对机制得到改善。

15. 得克萨斯大学——疼痛感知

- 研究：分析催眠后暗示对改变痛觉的影响。
- 结果：受试者表示，在受到疼痛刺激时，疼痛强度降低。

16. 布朗大学——注意缺陷多动障碍（ADHD）

- 研究：调查使用催眠后暗示来集中 ADHD 患者的注意力。
- 结果：延长和提高了注意力持续时间和任务完成率。

17. 杜克大学——肠易激综合征（IBS）

- 研究：测试催眠后暗示在减轻 IBS 症状方面的功效。
- 结果：参与者的肠易激综合征发作次数减少，肠胃舒适度提高。

18. 哥伦比亚大学——考试焦虑

- 研究：评估催眠后暗示对减轻考试焦虑的影响。
- 结果：降低焦虑水平，提高考试成绩。

19. 墨尔本大学——酗酒成瘾

- 研究：评估催眠后暗示治疗酒精依赖的效果。
- 结果：戒酒成功率提高，对酒的渴望减少。

20.宾夕法尼亚大学——偏头痛管理

· 研究:使用催眠后暗示来降低偏头痛的频率。

· 结果:降低了偏头痛的频率和强度。

21.麦吉尔大学——运动损伤恢复

· 研究:分析催眠后暗示在加速运动损伤恢复中的作用。

· 结果:恢复时间更短,康复进展更快。

22.格拉斯哥大学——纤维肌痛中的慢性疼痛

· 研究:调查催眠后暗示在减轻纤维肌痛中的慢性疼痛方面的有效性。

· 结果:疼痛明显减轻,生活质量得到改善。

23.帝国理工学院——牙科焦虑症

· 研究:测试用于减轻牙科焦虑的催眠后暗示。

· 结果:减轻了焦虑,提高了患者在牙科治疗过程中的合作性。

24.昆士兰大学——考试成绩

· 研究:探索使用催眠后暗示来提高考试成绩。

· 结果:考试成绩提高,考试焦虑减少。

25.范德比尔特大学——创伤后成长

· 研究:使用催眠后暗示促进创伤幸存者的创伤后成长。

· 结果:提高了心理复原力和幸福感。

26. 华威大学——坚持锻炼

- 研究:分析催眠后暗示对坚持定期锻炼的影响。
- 结果:提高了运动计划的坚持率。

27. 阿姆斯特丹大学——创造力提升

- 研究:测试催眠后暗示对创造性思维的影响。
- 结果:提高了完成创造性任务和解决问题的能力。

28. 南加利福尼亚大学——社交焦虑

- 研究:调查使用催眠后暗示来减少社交焦虑症状。
- 结果:减少了社交焦虑,提高了社交互动能力。

29. 维也纳大学——术后疼痛

- 研究:评估催眠后暗示在控制术后疼痛方面的功效。
- 结果:减轻疼痛程度,减少阿片类药物的使用。

30. 伊利诺伊大学——强化学习

- 研究:探索使用催眠后暗示来加强学习效果和记住新信息。
- 结果:提高了对所学材料的记忆和理解水平。

31. 苏黎世大学——免疫功能

- 研究:调查催眠后暗示对增强免疫功能的影响。
- 结果:增强免疫反应,加快疾病康复。

32. 哥本哈根大学——飞行恐惧

· 研究:使用催眠后暗示来减少对飞行的恐惧。

· 结果:减少焦虑,提高舒适飞行的能力。

33. 赫尔辛基大学——记忆扭曲

· 研究:检查催眠后暗示导致记忆扭曲的可能性。

· 结果:确定了风险因素,并制定了安全实践指南。

34. 明尼苏达大学——慢性压力

· 研究:使用催眠后暗示来管理慢性压力。

· 结果:压力水平显著降低,应对技能得到提高。

35. 奥斯陆大学——幽闭恐惧症

· 研究:测试通过催眠后暗示来减轻幽闭恐惧症的症状。

· 结果:减轻了焦虑,提高了对密闭空间的耐受性。

36. 奥克兰大学——加强体育运动中的注意力

· 研究:调查使用催眠后暗示来提高运动员的注意力和成绩表现。

· 结果:提高了注意力,并获得更好的成绩。

37. 巴塞罗那大学——分娩疼痛感

· 研究:探讨使用催眠后暗示来控制分娩时的疼痛。

· 结果:减少了疼痛感知,并获得良好的分娩体验。

38. 弗赖堡大学——应对悲伤

- 研究:评估使用催眠后暗示来帮助个人应对悲伤。
- 结果:提高情绪恢复能力,减少与悲伤相关的痛苦。

39. 罗切斯特大学——学业拖延症

- 研究:测试用催眠后暗示来减少学业拖延。
- 结果:提高了学习效率并及时完成作业。

40. 圣保罗大学——提高音乐表现力

- 研究:调查催眠后暗示对音乐表现力的影响。
- 结果:提高了音乐家的自信心和表演质量。

41. 鲁汶大学——加强团队合作

- 研究:测试使用催眠后暗示来加强团队运动中的合作。
- 结果:提高了团队活力和成绩。

42. 香港大学——学生压力管理

- 研究:分析使用催眠后暗示来管理学习压力。
- 结果:减轻了压力,提高了学习成绩。

43. 开普敦大学——克服考试焦虑

- 研究:测试通过催眠后暗示来减轻高中生的考试焦虑。
- 结果:减少了焦虑,考试成绩更好。

44. 奥塔哥大学——增强老年人的记忆力

· 研究:调查使用催眠后暗示来提高老年人的记忆力。

· 结果:改善了记忆和认知功能。

45. 墨尔本大学——减少攻击行为

· 研究:测试使用催眠后暗示来减少青少年的攻击行为。

· 结果:减少了攻击性事件,提高了自我控制能力。

46. 匹兹堡大学——改善学习习惯

· 研究:调查使用催眠后暗示来改善大学生的学习习惯。

· 结果:改善和提高了学习习惯和学习成绩。

47. 日内瓦大学——治疗慢性头痛

· 研究:测试催眠后暗示在治疗慢性头痛方面的有效性。

· 结果:降低了头痛的频率和强度。

48. 阿尔伯塔大学——克服舞台恐惧

· 研究:分析催眠后暗示对表演者克服怯场的作用。

· 结果:减少了焦虑,增强了表演信心。

49. 塔尔图大学——提高公众演讲技能

· 研究:测试催眠后暗示对公众演讲能力的影响。

· 结果:改善了演讲表达效果,减少了演讲焦虑。

50. 帕多瓦大学——减少抑郁症状

· 研究：调查使用催眠后暗示来减轻抑郁症的症状。

· 结果：抑郁症状显著减轻，情绪稳定。

这50个例子强调了催眠后暗示在医疗、心理健康、个人发展等领域的多样应用和潜在益处，而由大学和医学中心开展的这些研究也凸显了学界对催眠及其实际应用的兴趣与日俱增。

在中国，科学催眠越来越受到人们的关注和欢迎。我相信，本书中的学习历程和案例证明会让你收获巨大，它绝对是一本值得阅读的书！

汤姆·史立福

国际科学催眠大师

美国临床催眠委员会（USBCH）主席

曾任美国催眠动机学院（HMI）高级讲师

序言 2

"小催"们的心路历程更有借鉴意义

心理行业的同人们都是喜欢读书的，我也一样。

自我 2004 年入行之后，但凡书名带有"催眠"两个字的书，我基本上都买了。但是，在我买过的两百多本催眠书中，真正出自艾瑞克森、奥蒙德·麦吉尔、大卫·艾尔曼、约翰·卡帕斯、汤姆·史立福等大师之手的只有寥寥十几本，国内前辈和同行们的佳作顶多只占 30％，而剩下的 70％质量欠佳。

有些作者为了标榜自己的"大师"身份，除了直接抄袭真正大师的技术，谎称其为自己的原创技术之外，还会故意模糊自己的求学经历，甚至杜撰一个传奇故事，让众多读者看不透他们的技术渊源，来彰显自己凭空开创了一个新的催眠流派的伟大。在这些质量欠佳的作品中，充斥着作者们无处安放的自我，而读者真正关心的问题，却无人关心。

比如，

催眠究竟在日常生活中有什么价值？

我不想做催眠大师，那么学习催眠的意义是什么？

家长们学习催眠，能帮助孩子哪些地方？

培训师们学习催眠，能为自己赋能什么？

"小白"跨行进入催眠行业该如何起步？

心理同行们如何利用催眠来推动事业发展？

新手催眠师究竟该怎么规划自己的学习之路？

新手催眠师的第一个个案应该怎么接？

新手催眠师第一年应该怎么生存下来？

新手催眠师如何脚踏实地地成长为细分领域的权威专家？

……

这些我从刚入行时就非常关心的问题，至今都没有在书中找到答案。既然没人出这样的书，那么我来策划一本吧！

就像翻译美国催眠动机学院（HMI）的书和视频，当初我只想做一个学习者，等待别人来翻译，甚至在网上发布过高价购买中文版的需求，但是没人替我走这条路，我不得不开启了艰难的翻译之旅。十几年过去了，500万字的翻译内容奠定了我在行业里的地位。

当然，虽然我伴随汤姆·史立福大师十几年，虽然我经常在公开场合被称为"大师"（这正是大众对催眠行业的误解，认为催眠很神秘、很玄乎，所以大家一提起催眠师就自动将其和"大师"二字联系起来），但我自己还保持清醒，我就是一名小小的催眠师，并在学员中推广"小催"文化，让大家克制自大，保持谦卑，尊重界限，注意安全！所以，这不是一本"大师"之作，而是我联合汤姆老师和我的学员们共同创作的"小催"作品，其中有"大师"们试图掩盖的成长路径以及"大师"们从来不曾告诉你的核心心法。

我相信，不管你是对催眠感兴趣的家长，还是正在催眠治疗的来访者、刚入行的新手催眠师，甚至是想要提升自我的心理同行，你都会从书中找到一个榜样，并从他（她）的故事中获得你想要的答案！

让一切美好从此刻开始吧！

孔德方

科学催眠领军者

美国催眠动机学院（HMI）课程与图书中文版权代理人

国际科学催眠大师汤姆·史立福中国合伙人

目 录

CONTENTS

遇见催眠，让我成为
改变别人命运的人

孔德方

科学催眠领军者
国际科学催眠大师汤姆·史立福中国合伙人
美国催眠动机学院（HMI）课程与图书中文版权代理人

亲爱的朋友，你是否也像我一样在苦苦寻觅真正改变自己命运的秘密宝典，努力追求"用行动改变未来"的人生梦想？

然而，近几年滋生了一种错误的倾向，很多人将自己的失败和不幸都归因于原生家庭，抱怨甚至指责自己的父母。这样的想法和做法对改变现状有什么用呢？

01 每一个我们曾抱怨的原生家庭，都是父母倾其所能为我们打造的港湾

没有哪个人的原生家庭是完美的，我也一样。

我出生在太行山里一个偏僻的小山沟里，人们吃饭靠天，喝水靠挑，医疗条件非常不好，我的四姐就是因为腹泻没有及时治疗而夭折。而我，在出生当天母亲就开始口对口喂我安乃近，所以我从小病痛缠身。

一岁多的时候，本来快要学会走路的我又病倒了，发高烧。这次跟以前不一样，我本来会扶着东西慢慢走，这次变得不能走了，接着站不住了，后来坐不直了。医生诊断后说："小儿麻痹症，治不了了。他现在胸部以下已经瘫痪了，没有知觉。如果病毒侵袭呼吸肌，可能命也保不住了。"

我是父母的第五个孩子，也是唯一的男孩，我父母与命运抗争，翻山越岭，遍访名医，终于救回了我的命，但是留下了后遗症：我不会走路。

很多邻居说："唉，这孩子算是废了。在这大山里，连路都不会走，还能干什么？"父母不认输，开始不断训练我。

在我儿时的记忆里，少有快乐，大部分都是父母的严厉呵斥。

我记得父亲抱我坐在板凳上，趴在桌前学写字、学打算盘。

我记得在碎石铺就的坑坑注注的道路上一遍遍练习走路，左腿一软，跪在了碎石块上，棉裤里一股热流涌出，我知道刚结疤的伤口又淌出血来了。我哭着喊着，看着眼前的父母，父母纹丝不动，只说了一句"起来"。

我记得自己没上学就有了作业，还要练书法。

我记得自己常被同龄甚至比自己小的孩子欺负，因为我腿软，一推就倒，经常被人按倒在地，骑在身上，甚至在身上尿尿。回到家后，父母非但不会安慰我，必定还会训斥我一顿。

我记得为了维护自尊，接受了小伙伴们的挑战，然后一赌气从山坡上跳下去，把自己摔个半死。

你可以想象到我幼小的心灵中满是委屈，甚至憎恨，因为我把自己当作受害者。

在父母的训练和照顾下，我的腿恢复良好，走路的姿态基本恢复正常，几乎看不出来有问题，很容易让别人忽略我是一个病人。当别人用正常的标准来要求我的时候，我做不到，所以非常自卑。

尤其是在上体育课踢正步，左腿无法踢直，被老师命令在雨里罚站的时候；

尤其是在我跑跳都不合格、被人讥笑的时候；

尤其是在我被父母训斥体力活干不来的时候；

尤其是在我上学只能步行，因为学了几年仍不会骑自行车的时候；

尤其是在我每次去练骑车回来，路过邻居门口，被嘲笑"怎么推着回来呀，还没学会骑呀"的时候。

我很不甘心，甚至会想：为什么我的腿疾不更严重一点？这样我拄着双拐或者坐着轮椅，别人一眼就看出来我的腿有问题，就没有这么多烦恼了，甚至会换来一些怜悯和关心。

有一次，我到打麦场学骑车，借一个高台，我跨上了车，把车骑动了，我非常开心。但是很快，我意识到不好，我不会下车！

我就在打麦场上一圈一圈地骑着，最后累到无法掌控，一下子冲到打麦场旁边的鱼塘里。我不会游泳，幸亏周围有人看见，把我救了上来。

在我满肚子委屈回到家的时候，却没有等来任何安慰，等来的只有母亲的数落："你怎么这么不让人省心呀，学了那么多次，怎么就学不会骑车？"

那一刻，我爆发了，再也不顾及母亲的感受，冒出一句埋在心底多年的话："你为什么不给我生一条好腿？"

那一刻，我看见母亲正在操劳着做饭的背影在我的声嘶力竭中突然僵住了，浑身战栗，好久，母亲哭出声来："我做了那么多的努力……就是怕落下埋怨……如果能换……娘早就想把自己的好腿换给你……"

这个画面深深地印刻在我的记忆中，每当我抱怨父母的时候，我都会产生些许内疚，但是，这还不足以让我抚平所有的创伤。

02 遇见催眠，改变潜意识编程才能真正改变

有人说，很多人倾尽一生去努力，只为疗愈受伤的童年！而我，如果没有遇见催眠，估计我仍然活在挣扎和内耗中。

得益于父母对我学习的重视，也因为我除了在学习方面能找回

点自信之外，别无他法，所以，虽然我自卑且敏感，没有朋友，但我的学习成绩一直非常好。在中考前的选拔中，我以在全市数十所初中数千名中考生中总分排名第二十二名的成绩，提前进入本市第一高中的保送班。

这是我人生战斗中的一次大捷，让我在中考之前的两个月，已然坐在了高中的教室里。我选择了住校，因为我不想再受父母的管束。

然而，面对百余名新的"对手"同学，每位同学都是自己所在初中里的"尖子"，我没有了以往的优越感，又一次失去了自信。

当一个人失去自信的时候，就希望去外界寻求帮助，我买了很多关于增强记忆、快速学习法、右脑开发的资料。就在这些资料中，我第一次接触到催眠录音带和自我确认录音带，那年我十五岁。

因为生活太过压抑，内心想要表达，想要倾诉，高三的后半年，我到达叛逆的高峰，放弃原本不错的学业，不顾父母的劝告，只身闯荡北京，报考北京电影学院和中央戏剧学院，因为我想拍电影。当然，因为事先没有接受过培训，准备并不充分，以惨败收场。

那一年暑假，我唯一用来支撑自信的"学习成绩好，能考上好大学"的支柱彻底垮塌。那一年暑假，我向暗恋三年的女孩表白，被直接拒绝。父母在我面前不止一次地叹息、数落，表达对我的失望。我心灰意冷，想离开这个世界，并且采取了行动，幸好被救了回来。

第二年高考，父母强行帮我报了医学志愿，他们这辈子因为带我看病，求了太多医生，所以他们特别想要我成为医生，也能实现他们最初的愿望：我有一个牢靠的饭碗。

但是，你懂的，我对从小到大让我吃各种苦药、打各种针的医生并没有好感，于是我带着破罐子破摔的心态走进了大学。

意外的是,我发现除了我自己的临床医学专业之外,还有一个专业我之前从来没听说过——临床医学(精神医学与心理卫生方向)。我没有能力调换专业,但我有能力选择教室,于是我天天去心理学的课堂,最初的目的是想要找到解开自己心结的钥匙,之后日益笃定自己的目标:成为一名心理医生。

在后续学习中,我知道了意识和潜意识的概念,潜意识的力量比意识大很多倍。我理解了,我们很多创伤都记录在潜意识"硬盘"当中,仅靠意识是无法彻底治愈的。这就是为什么我们懂得很多道理,却依然过不好这一生。

大二的一天,团委请来一位北京的心理学教授给学生干部们做了一场培训,教授用到了集体催眠,这唤起了我十五岁时接触催眠录音带的回忆,加上心理治疗中的催眠让我亲身感受到催眠的疗愈效果比其他心理咨询技术要好很多,于是,成为一名催眠治疗师的目标就深深地种在了我的内心!

03 在助人过程中找到自己的终极使命

可能是出于我骨子里的叛逆,或者说是使命的感召,每当我走到人生的岔道口,我总会选择一条与众不同的路,这让我没有同伴,只有孤独。

我把自己想象成一名漂泊于大漠看孤烟的剑客,腰悬残剑,瘦马相怜,面对残壁断垣,仰天长叹,泪洒青衫。

大学毕业时,因为我参加过征文、书法、戏剧等各种比赛,拿了四十多张荣誉证书,每年都拿奖学金,所以我有机会留校,但我拒绝了,只因为我想要成为心理医生,想要用催眠帮助更多身体上不一定有残疾，但心灵上有残疾的人。

之后的路走得一点都不轻松，因为心理咨询行业刚刚兴起，社会认知度不够，大众对催眠有诸多误解，好在随着自己的努力与业务技能精进，走出咨询室的来访者的有效改变和真挚感谢激励着我继续向前。

就在越来越多的人称我为"贵人"的时候，2010 年 10 月，我遇到了我最大的贵人——国际科学催眠大师汤姆·史立福老师。他在 1994 年来中国参加电视节目，掀起了第一轮催眠热，我与他的合作让我的催眠事业发展得十分顺利。

从 2011 年开始，我前后八次把汤姆·史立福老师请到中国开课，为中国的催眠行业带来了理论升级和技术革新。

2013 年出版的一本畅销书《汤姆·史立福教你学催眠》，使得科学催眠在催眠行业成为一面鲜亮的旗帜！

2014 年 7 月，我成功策划运作汤姆·史立福老师的千人催眠秀（由岳阳市委宣传部牵头组织，岳阳市电视台主办）。同年 9 月开始，我多次被复旦大学邀请，给复旦大学心理系做一系列的催眠培训。

2016 年，我拿到美国第一家国家认可的催眠大学——美国催眠动机学院（HMI）课程与图书的中文版权，先后出版了《HMI 专业催眠师教程》《催眠赋能：让你在运动场上超常发挥》和《催眠赋能 II：轻松改善你的性生活》等多本畅销书。

迄今为止，我翻译了汤姆·史立福、奥蒙德·麦吉尔、约翰·卡帕斯及 HMI 学院的多部书稿及核心视频资料，共计 500 万字，正在陆续出版中。

在我从业的 21 年中，一对一的催眠疗愈，我做了累计 12000 个小时，手把手培训出超过 1000 位科学催眠师。不仅如此，我还带领

56位标杆会员在各个细分领域中探索实践，努力打造各个细分领域的关键意见领袖。这一切行动都是为了实现"把世界上最先进的催眠技术带进中国，让中国催眠行业与世界同步"的终极梦想！

如果说过去十五年引进汤姆·史立福老师和HMI科学催眠体系、翻译先进的催眠技术资料，重点在"引进"，实现了终极梦想的前半部分，那么下一个十五年，重点就在"传播"。我立志要培养1000位科学催眠导师，把我引进的最先进的催眠技术传播出去，帮助所有同行完成技术升级，实现"让中国催眠行业与世界同步"！

你愿意成为这1000位科学催眠导师中的一员吗？

这一切行动都是为了实现"把世界上最先进的催眠技术带进中国，让中国催眠行业与世界同步"的终极梦想！

十年逐梦：从迷茫到坚定的催眠学习之旅

刘创标

科学催眠提分教练班课程研发者
科学催眠提分导师，资深心理教师
国际科学催眠大师汤姆·史立福亲传弟子

9月的骄阳依旧如火。当我再次回到熟悉的催眠教室里，看着一排排摆放整齐却空荡冷清的催眠椅，想着又一届学生从这个教室走出去，奔向全国各地的高校时，内心陡然涌现出诸多的感慨，回忆如潮水般汹涌而来……我的思绪不禁飘回到了二十多年前：那时候的我，怀揣着梦想与憧憬，踏入了这片充满希望与挑战的教育之地。这一路走来，有过迷茫，有过困惑，有过挫折，也有过惊喜。而如今，我终于找到了属于自己的方向，那就是用催眠的力量，帮助学生们开启心灵的大门，释放出无限的潜能。

2001年夏天，阳光灿烂得如同我心中的梦想。带着对教育事业的无限热忱，我踏入了高中校园，成为一名专职心理老师。那一刻，我的心中充满了期待与憧憬，立志要成为一个有温度、能真正给予学生帮助的好老师。

站在美丽的校园里，看着那些充满朝气的年轻面庞，我仿佛看到了未来的无限可能。我想象着自己与学生们打成一片，成为他们的知心朋友，在他们遇到困难时伸出援手，给予他们温暖的支持和鼓励。

然而，现实很快就给了我相当沉重的一击。面对高中繁重的学习任务和高考的巨大压力，许多孩子出现了各种各样的身心问题：烦闷、焦虑、抑郁、过度敏感……他们每天都在努力学习、在为高考拼搏，同时被学习压力、考试焦虑和人际关系问题困扰，甚至被折磨得痛苦不堪。我试图用在大学学到的心理学知识去帮助学生们缓解压力，然而在这如山的压力面前，我所做的一切显得如此的苍白和无力——似乎除了浮于表面的口头安慰，我真的不知道到底该做些什么，才能真正帮助到这些处于困境中的孩子。

看着学生们疲惫而无助的眼神，我心中充满了无奈和伤感。我不知道如何才能真正地帮助他们，我努力的方向在哪里，我的职业价值体现在何处。

面对困境，我有些犹豫和迷茫，但曾经的梦想依旧在我心中，我不愿放弃，决定主动出击，去寻找更好的方法来帮助我的学生。我想，即使我改变不了高中学习任务繁重的现实，但如果我能找到一些有效提高学习效率、记忆效率的方法，就能间接帮助学生们减轻学习上的压力了。于是，我开始收集各种关于学习方法的书，如费曼学习法、西蒙学习法、哈佛高效学习法、CES学习法、6S学习法、超右脑学习法、PSSP学习个性化指导方案等等，仿佛在黑暗中寻找曙光。我花费了大量的时间和精力去阅读、分析这些书，并尝试指导学生去使用这些学习方法，希望能从中找到破解学生困境的钥匙。

然而，现实却让我大失所望。这些方法看起来很有效，在实践中却因学生个体的各种差异而收效甚微，因此学生们依然在学习的苦海中挣扎，他们的成绩并没有明显的提升，焦虑和压力依然如影随形。

我不甘心失败，转而将目光投向了成功学，去了解卡耐基、拿破仑·希尔、安东尼·罗宾……，阅读《唤醒心中的巨人》《自己就是一座宝藏》《把自己激励成"超人"》……，我希望通过各种成功故事、"高能量"的励志语句来激励和鼓舞学生们，以便让他们拥有积极向上的心态，更好地面对学习和生活中的挑战。

确实有少数学生受到了激励和鼓舞，他们变得更加自信和乐观，学习也更加努力，但绝大多数学生对这种心灵鸡汤式的方法并不买账，他们依然被学习的压力困扰，无法真正地改变自己的状态。我再次陷入了困境，不知道该何去何从……

那段日子，我甚至陷入了深深的迷茫和自我怀疑之中。我不知道自己努力的方向在哪里,我甚至开始质疑自己的能力和选择,想着是不是就此作罢。每当夜深人静时,我常常问自己,难道真的没有办法帮助这些学生吗?难道我的梦想就这样破灭了吗?

我不甘心,我相信一定能找到办法去帮助这些学生,于是,我一头扎进了知识的海洋,广泛地学习教育学、心理学、大脑神经科学等各种专业知识。我阅读了一本又一本专业图书,如《学习天性》《认知觉醒》《大脑使用手册》《大脑想要这样学》《大脑赋能术》《大脑训练手册》《脑力升级手册》《神经的逻辑》,还在网络上收集了各种我觉得有用的资料。我不断地学习和思考,试图从这些知识中找到答案,找到帮助学生的方法。

然而,尽管我付出了很多努力,但依然没有找到有效的方法。我不禁再度怀疑自己的选择是否正确,是否应该继续从事这份工作,我甚至想过转行,去做一份更轻松、更有成就感的工作。但是每当我看到学生们那充满期待的眼神,我心中的责任感让我无法轻易放弃。我知道,这些学生需要我,他们需要有人来帮助他们走出困境。

正所谓"念念不忘,必有回响",终于有一天,我在一本苏联于20世纪80年代出版的名为《超级学习法》的小册子中找到了答案。书中写道:"最佳的学习状态,就是大脑警觉、身体放松的状态。"这句话瞬间驱散了我心中的阴霾。结合书本的内容以及我自己所学的知识,我隐隐约约地知道,这种状态应该就是催眠状态。我仿佛在绝望之中抓住了一根救命的稻草,心中涌起了希望。从那一刻起,我开始热切关注催眠。我急切地想要深入了解催眠,希望能够运用催眠的力量帮助学生们调整身心状态,提高他们的学习能力和效率。

从 2002 年开始,我花了将近十年的时间,去收集和整理 20 世纪 80 年代出版于中国台湾的"NLP 激发潜能系列"共四十几本电子书,因为其中有许多我认为可以学习和利用的心理学尤其是催眠的知识。同时,我还陆续购买了近百本专业催眠图书,用于学习和钻研。

然而,海量资料换来的却是我更加的迷茫困惑,陷入更深的纠结之中。催眠领域五花八门、鱼龙混杂的山头门派,形形色色收费高昂的催眠培训,有各种头衔、声称自己各种第一的"著名"大师,总让我觉得心里不踏实,让我无法下定决心去找他们学习催眠。

冥冥之中,仿佛上苍对一切早有安排。在我最迷茫的时候,我有幸遇见了孔德方老师。虽然那只是一次在网络上的简单交流,但他的专业素养和真诚态度深深地打动了我。我凭直觉认定,他就是我一直在寻找的可以信任的催眠导师。

于是在 2015 年元旦,我大胆地参加了孔德方老师"专业催眠师模压训练营"第一期的培训。当时国内应该没有几个人认识他,网络上也几乎没有他的视频,说实话,在去参加培训之前,我心里有些打鼓,不知道这次培训是否真的能让我有所收获,但我想,既然已经走到了这一步,无论如何都要试一试。

事实证明,我的选择是正确的。那四天的培训,成为我人生中一个重要的转折点。

孔德方老师讲解的催眠,去掉了国内常见的各种神乎其神的外衣,加上了科学实证的真实内核。在他的课堂上,没有夸夸其谈的炫耀与忽悠,只有一招一式的基础训练。他用通俗易懂的语言,深入浅出地为我们讲解催眠的原理和技术,让我第一次真正明白了什么是催眠,也第一次真正掌握了催眠的技术。短短的四天,我学得特别开心,也特别踏实。**我仿佛打开了一扇通往新世界的大门,看**

到了无限的可能。

培训结束后，我满怀热忱地回到学校，迫不及待地想要将所学的催眠技术应用到实际工作中。我在任教班级的学生中召集了二十几名志愿者，并在接下来的五个月里，为每个志愿者进行了 5 到 12 次催眠。

那段时间，我全身心地投入这项工作。每次催眠前，我都会认真地准备，根据每个学生的具体情况制订个性化的催眠方案。我让学生们在一个安静、舒适的环境中放松身心，引导他们进入一种大脑警觉、身体放松的状态。在这个过程中，我会用温和的语言给予他们积极的暗示，帮助他们树立自信，激发他们的学习动力。

我看着学生们在催眠的帮助下，逐渐发生着变化。他们的眼神变得更加明亮，脸上的笑容也多了起来，最让我感到欣慰的是，他们的学习成绩有了显著的提升。

其中有一个学生让我印象特别深刻。他的数学成绩一直不太理想，总是在 90 分左右徘徊。高考的压力让他越来越焦虑，对自己越来越没有信心。因此，我决定对他进行有针对性的单独辅导，用催眠训练他。在每次会面时，我都会针对他在数学学习中遇到的问题，给予他细致的分析和解答，并在催眠中给予他有针对性的暗示和鼓励。我告诉他，他是一个非常聪明的学生，只要他相信自己，一定能够克服困难，取得好成绩。经过几个月的努力，这个学生的状态发生了翻天覆地的变化，他不再像以前那样焦虑和自卑，而是变得自信和乐观。

最终，在那年的高考中，他的数学竟然考了 127 分！当我得知这个成绩时，我激动得热泪盈眶。那一刻，我感受到了前所未有的成就感。我知道，这不仅仅是一个学生的成功，更是我多年来不断坚持和努力的结果。

这次成功的经历，让我深刻地感受到了科学催眠的神奇力量，让我深信催眠可以成为我帮助学生们的有力武器，也让我更加坚定了继续学习更先进、更科学的催眠技术，终身推动催眠发展的信念。

有了之前的经历，我对孔老师已经有了绝对的信任，因此当我获悉由他组织筹办的汤姆·史立福老师亲授的"科学催眠治疗大师班"课程即将开课时，我毫不犹豫地报名参加了。我知道，这一定是我需要的课程，也将是我在催眠学习道路上的又一次重要提升。

在汤姆老师的课堂上，八天的学习时间竟然一晃而过！我平生第一次发觉，原来学习也可以这么迷人、这么快乐。那几天，我感觉自己一直处在被幸福感深度催眠的状态中不愿清醒过来，因为庆幸自己学到了当今十分科学先进的催眠技术，因为庆幸自己有机会师从当今十分伟大的催眠师。所有这一切，美好得让我感觉有些不真实。

课堂上，汤姆老师放下了所有的荣誉与头衔，没有任何排场和架子，用亲切和蔼的态度一遍又一遍地耐心讲解，一招一式地分解示范，生怕我们漏学了什么，恨不得把几十年的经验与积累倾囊相授。

通过在汤姆老师的课堂上学习，我对科学催眠有了更深入的理解和认识。我不仅学到了先进的催眠技术，更领悟到了催眠的本质和意义。我明白了催眠不仅仅是一种技术，更是一种与他人建立深度联结、帮助他人实现自我成长的艺术。更重要的是，汤姆老师以他深厚的专业知识和丰富的实践经验为基础，从大脑神经科学的角度为我们解释了催眠提分的原理，同时还呈现了美国许多所著名大学在这方面的前沿研究成果，让我们在明白原理的同时，极大地增强了对催眠提分的信心。

在具体实践尤其是在给学生做团体催眠辅导时容易受到技术上的限制，有别于美国催眠动机学院（HMI）固定的流程，汤姆老师的催眠技术招式繁多，操作方便，运用灵活，可以随意地组合，这给我的实践带来了极大的便利。因此，学成归来后，我立即把它广泛地应用于我的课堂上。

为提升实践运用的效果，我结合了教育心理学、学习心理学、认知心理学、积极心理学、神经语言程序学、大脑神经科学及潜能开发的理论与实践，设置了系统科学的催眠训练计划，从而激发出学生最佳的学习状态，促进他们学习能力及学习效率的大幅提高，应考状态得到极大改善。从 2015 年至今，我已经连续十年"蹲守"高三，为每届的毕业班学子们减压赋能，提质增效，取得了十分显著的效果，深受师生的欢迎。

1. 有效提升学生的心理健康水平

科学催眠赋能课程能够帮助学生快速高效地消除学习上的负面情绪，提升学生的自我效能感，增强学生学习的动机与信心，从而激发学生内在的潜能，提升他们的心理健康水平。

2017 届的田同学反馈："……经过几次催眠，我的精神状态渐渐变好，学习效率也慢慢提高了，甚至到了自己都惊讶的地步……"

2018 届的张同学反馈："很感谢刘老师的催眠，它真的非常有效！每次上完催眠课，我感觉学习压力没那么大了，头脑更加清醒，内心更加平和，学习也更加从容……"

2022 届的王同学反馈："……每周一次的催眠让我把一整周的压力都释放掉了，到高考冲刺的那段时间，我的身心状态越来越好……"

2. 有效提升学生的学习能力

研究发现，当处于放松、专注的 α（Alpha）波状态时，大脑就会进入最佳学习状态。科学催眠能够快速地让大脑进入这种状态，从而有效提升学生的学习能力。

2015届的陈同学反馈："……没有被催眠时，我的数学成绩上下波动。遇到问题，我总像热锅上的蚂蚁。可在几次催眠之后，我觉得自己慢慢发生了转变，数学成绩渐渐稳定了，由平时的 90 多分提高到高考的 133 分……"

2020届的陈同学反馈："……高三上学期，我的成绩呈现出全年段一次前五、一次十几名的规律性波动，经过一学期刘老师的催眠，在高三下学期，我的排名几乎能稳定在全年段第五名左右……"

2022届的吴同学反馈："……在每次催眠后，我都能够更高效地投入学习……"

2024届的詹同学反馈："……几次催眠下来，我的专注度明显提高，更容易摆脱困扰，做题和复习效率都提高了不少……"

3. 有效提升学生的考试能力

考试，尤其是重要考试，必然会带给学生较大的压力，而当大脑处于过高压力状态时，信息的提取与加工过程都会受到极大抑制，导致出现发挥失常的现象。科学催眠训练一方面能够消除学生过去的失败经历带给考试的影响，一方面通过未来模拟的方式建立起其对考试的积极预期，从而促进学生考试正常发挥甚至超常发挥。

2015届的林同学反馈："……在高考这场至关重要的比赛中，凭借沉稳的心态、适合的应试技巧以及扎实的基础，我取得了很好的成绩……"

2017届的陈同学反馈："……刘老师的催眠课让我们缓解了考前的紧张……所以第二天早上，也是高考正式开始的那个早上，我带着良好的状态踏入考场，在高考中打了一场翻身仗，高考成绩跃居全年段第二……"

2018届的高同学反馈："……刘老师一直暗示我们高考会是高中三年考得最好的一次，我也一直暗示自己。虽然高考那两天得了胃炎，但一点也不影响发挥，高考真的是我考得最好的一次！每一科都考得很好，非常开心！"

再度回首，我猛然惊觉一晃已过去十年时光。在这段充满挑战与机遇的旅程中，在带给许多学生巨大改变的同时，我自己也经历了深刻的内在升华。

曾经的我，在迷茫与困惑中不断挣扎，对自己的职业价值和人生方向充满了怀疑。然而，通过对催眠术的探索和实践，我不仅找到了帮助学生的有效方法，也发现了自己的价值和意义。

每一次看到学生们在催眠的帮助下，逐渐摆脱焦虑，重拾自信，我心中都充满了成就感和满足感。这种感觉不仅仅是因为看到了学生们的进步，更是因为我知道自己正在做一件有意义的事情。我不再仅仅是一名高中心理老师，我更是学生们心灵的守护者和成长的引路人。同时，我也深刻地认识到，学习是一个永无止境的过程。催眠术虽然已经给我带来了很多惊喜和收获，但我知道，还有很多未知的领域等待着我去探索。我将不断地学习新的知识和技术，与同行们交流经验和心得。我希望能够不断地提升自己的专业水平，为学生、为家长、为大众提供更好的服务。我也将积极地推广催眠术，让更多的人了解它的价值和作用。

如今，我的催眠工作已经初见成效，但我知道，这仅仅是一个开始。我希望能够将催眠发扬光大，帮助更多的学生实现他们的梦想。我相信，只要我们用心去做，用爱去陪伴，每一个学生都能够在催眠的帮助下，找到自己的方向，释放出无限的潜能。我期待着看到更多的学生在高考中取得优异的成绩，实现自己的人生目标。我也期待着自己能够在这个过程中不断地成长和进步，为教育事业做出更大的贡献。

这一路走来，我体验了许多的艰辛和挫折，但也收获了无数的感动和成长。回首过去，我感慨万千；展望未来，希望无限。

通过对催眠术的探索和实践，我不仅找到了帮助学生的有效方法，也发现了自己的价值和意义。

从默默无闻
到档期排到明年，
我到底做了什么？

李新华

"闪电单词催眠营"课程研发者和总教练
心流催眠师，中学教师
国际科学催眠大师汤姆·史立福亲传弟子

朋友们,作为一位在催眠领域深耕 10 年的催眠师,我深知每一位催眠师都怀揣着梦想与激情,渴望在这片神秘而广阔的领域里创造自己的奇迹。目前的你可能希望催眠个案有更好的效果,可能希望开展催眠沙龙和讲座,可能想开拓市场做集体催眠,可能想在假期带催眠夏令营,可能想当一名催眠讲师……这些梦想,正是我 9 年前在汤姆老师的课堂上播下的种子,如今已绽放出绚烂的花朵。

9 年前,我是一个默默无闻、自卑压抑、恐惧社交的一线教师,从事着日复一日的教学工作。是孔老师的悉心指导与我对个人 IP 的精心打造让我逐步蜕变,找到了属于自己的舞台。如今,我已开设了 20 期催眠提分课程和 19 期专注力英语单词密训营。2024 年更是我催眠事业的丰收年,通过我的中高考催眠辅导,出了三个状元:一个县中考状元,两个市高考状元,还有九个临界生全部上线。暑假还未正式开始,我的日程表就已经被课程预约填满。整个假期,我七次翱翔于蓝天之上,将我的经验带到全国各地,累积飞行里程绕地球半周,国庆和 2025 年春节的档期也已排满。

回望过去,那个自卑压抑、恐惧社交的自己已消失不见。是**科学催眠**,为我打开了新世界的大门,引领我走上了这条充满奇迹的**道路**。

在此,我想与你共同探讨三个核心问题。

(1)从开始催眠时的效果一般到 2024 年催眠辅导出三位中高考状元、九个临界生全部上线,我究竟是如何做到的?

(2)面对一对一催眠的高成本与高耗时,我是如何创新性地开展小组催眠,实现效率与效果的双重飞跃?

(3)对于初入催眠领域、满怀憧憬却又容易迷失方向的新手心理工作者而言,哪些是"大坑"?该如何巧妙规避,快速成长为行业内的佼佼者？

如果你也是一位渴望在催眠领域有所建树的心理工作者，渴望通过催眠技术实现个案络绎不绝、治疗效果显著提升，并渴望站在聚光灯下，接受行业人士的认可与赞誉，那么请务必细细品读此文。

此外，我还特意准备了一份神秘礼物——《催眠实战秘籍：从个案稀少到行业佼佼者的跃迁之路》。这份秘籍不仅记录了我在催眠领域从挫败到成功的心路历程与实战经验，更汇聚了帮助无数同行突破瓶颈、实现职业飞跃的宝贵策略与智慧。愿它能成为你前行路上的灯塔，照亮你通往成功的道路。

01 深渊凝视

不知道你是否和我有同样的困惑？

你是否曾像我一样，在学习之路上不辞辛劳，倾注了无数的时间、金钱，甚至全部的精力，然而，在尝试将所学应用于心理咨询时，却遭遇了滑铁卢？

你是否掌握了一项科学的甚至前沿的技术，但你面对的是一群对此并不了解甚至抱有误解的人群，你的技术如同明珠蒙尘，难以绽放出光芒？

你是否和我一样，在努力的过程中，面对种种挑战与不解，不禁开始对自己产生深深的怀疑？是否在心中涌起一股难以言喻的迷茫与不安？

记得那次，我为一个深陷学习困境、满面愁容的孩子进行了一次深度催眠疗愈。咨询室里，灯光柔和，氛围宁静，我引导他慢慢放松，深入潜意识的世界。在此过程中，我看到了他内心的挣扎与无助,也见证了他释放压力、找回自信的那一刻。当催眠结束时,孩子睁开眼,脸上洋溢着久违的轻松笑容,仿佛卸下了千斤重担。

然而,这份喜悦并未能立即传递给焦急等待的家长。他们或许期待的是立竿见影的改变,是成绩的飞跃,是孩子立刻放下手机、埋头苦读的场景。当家长看到孩子依旧拿着手机,对学习的态度没有明显变化时,他们不禁质疑:"这催眠真的有用吗?怎么看起来没什么不同,还是老样子,甚至更爱玩手机了?"面对家长的质疑,我内心五味杂陈。刚做催眠师的你,很可能和我有同样的窘境。面对这种窘境,你可能会有以下两种选择。

第一种选择:你可能会感到沮丧和挫败,开始怀疑催眠,甚至有放弃催眠的念头。

第二种选择:上各种各样的课程,投入了大量时间、精力甚至金钱去学习,可是好几年过去了,仍然看不到想要的结果。

那些还在犹豫、怀疑催眠的人,会从我的故事中获得力量;那些已经踏上征途却遭遇失败的朋友,会从我的经历中找到适合自己的方向,少走弯路,节省成本。

02 破茧成蝶

命运的齿轮悄然转动,在大师兄刘创标的引领下,我加入了孔老师的标杆团队,开启了我催眠职业生涯的新纪元。孔老师独具慧眼,他结合我的职业特点,为我选定专注力催眠这一细分领域,从此,我踏上了探索与实践的征途。

2016 年,我勇敢地迈出第一步,将催眠引入课堂实验。与一位认同催眠的班主任携手,我们每天早晨和学生一起抵达教室,把 20

分钟的早读时间拿出 10 分钟来做专注力催眠。这一做法，整整坚持了一年，成果令人瞩目：参与催眠的 40 名学生中，有 32 名学生的成绩显著提升，班级平均分更是从年段的第 14 名一跃成为第 2 名。这在共有 15 个班级的年级中，无疑是一个惊人的飞跃。

周末，我则将催眠的力量传递给更多渴望改变的人。在工作室里，我免费为前来体验的每一位朋友进行小组催眠，那 10 把椅子总是座无虚席。在这一过程中，我积累了丰富的 10 人小组催眠经验，这成为我日后做夏令营催眠的坚固基石。

与此同时，我还利用微信群，跨越时空的界限，将脑科学的奥秘、催眠对大脑的积极影响、专注力提升的方法以及实用的育儿知识分享给更多的人。每天早晨，我准时在二十几个微信群同时分享。在那个微信群分享尚不普遍的年代，我坚持免费分享了两年之久，许多家长认识到了潜意识改变的重要性。

在探索与分享的过程中，我深刻感受到家长们对于提升孩子专注力、激发其学习动力的迫切需求。于是，我尝试将睡眠催眠引入家庭教育中，并在女儿身上进行了实践。我为高考前的女儿做了 28 次睡前催眠。2018 年，当女儿步入高考考场时，她不仅带着我的祝福，还带着每晚睡前催眠的助力，最终，她的高考成绩比平时提高了 180 分。

时光荏苒，它公正地记录了我的汗水与泪水，也悄然为我铺设了通往成功的道路。在这段旅程中，我遇到了来自泉州的心理老师蔡晓先生，他协助我进行招生工作，为我的催眠事业注入了强劲的动力。在 2018 年末，第一期"家庭催眠师"课程顺利开课。这在全国可能是首次提出"家庭催眠师"的概念，后来很多催眠同行也开始开设家庭催眠的课程。虽然第一期才招到 10 名学员，它却是我梦想扬帆起航的起点。到了第三期,奇迹发生了,学员们如潮水般涌来。为了保证教学质量,我不得不做出决定,将超出名额的学员安排至下一期课程。

截至目前,我的家庭催眠师的课程已经开设到全国第二十五期,学员遍布全国 11 个省。这些学员既有普通的家长,也有来自不同教育岗位的专业人士,包括科任教师、班主任、心理教师以及专业的催眠师,甚至还有来自清华大学的教师走进我的课堂。他们对我的课程给予了极高的评价,一致认为这是一门能够有效弥补他们实操技能短板、实用性强、易于操作的优质课程。

在这段从默默无闻到逐渐绽放光彩的旅程中,我总结出了几个至关重要的成功要素。它们不仅是我个人成长的宝贵财富,也是我希望与你分享的实战方法。

1. 导师智慧与自我定位的双重驱动

在孔老师和大师兄的引领下,我学会了如何精准地聚焦在催眠的细分领域上,深入挖掘其潜在价值,这为我后续的职业突破奠定了坚实的基础。这种自我定位与导师指导的双重作用,是我成功的起点。

2. 实践探索与知识传播的双重循环

我将催眠理论应用于课堂实验,通过一年的坚持与努力,不仅见证了学生们成绩的显著提升,更深刻体会到了实践对于技能提升的重要性。同时,我利用微信等平台,积极分享脑科学、催眠技巧及育儿知识,这种跨越时空的分享不仅帮助了无数家庭,也为我积累了宝贵的口碑与人脉。

3. 创新引领与情感联结的双重支撑

我在对女儿进行睡前催眠的过程中，感受到了亲情的温暖与信任的力量，于是将睡前催眠引入家庭教育领域。这一创新性尝试不仅满足了家长们的迫切需求，也为我开辟了催眠新领域。

在这个快节奏、高压力的时代，我们都不难感受到身边弥漫着的焦虑气息。每一天，无论是工作还是生活，有些人时常被各种负面情绪所侵扰，所以我觉得每个家庭都需要一名家庭催眠师。正因为是"刚需"，所以家庭催眠师的课程开到了第二十五期。

03 荣耀之巅

2022 年春节，我受一所学校的邀请，秘密启动了一个项目——为十个孩子量身定制大脑潜能深度激发计划。我独具匠心地将催眠技术与记英语单词巧妙结合，每天催眠四次，每次都用汤姆老师的一个新技术。仅仅一周的密集训练，便让奇迹发生了：这十个孩子不仅顺利完成了初中大纲要求的全部单词记忆任务，更有五个孩子惊人地掌握了 2481 个单词，即便是记忆量最少的孩子也记忆了1600 个单词。这一非凡成绩，在业界引起了巨大轰动。

更令人振奋的是，通过训练前后的科学脑波检测对比，我惊喜地发现，这十个孩子的脑波模式发生了显著且积极的变化，他们不仅专注力得到了显著提升，记忆力也实现了质的飞跃，甚至深度睡眠的时间和质量都有所延长和提高。

基于这一鼓舞人心的成功案例，我在 2022 年迅速行动，利用一年时间成功举办了七次催眠记忆英语单词密训营。在训练营中，我利用熟练的催眠技术与科学的课程安排，将孩子们的大脑潜能开发到了极致，仿佛为他们安装了一个个精密的"学习-休息"开关。在需要时，他们能够迅速进入高效学习的巅峰状态；而当休息时刻来临时，他们又能轻松进入深度睡眠的宁静世界，真正实现了学习与休息的和谐统一。

2024年，当国际科学催眠大师汤姆老师访华授课时，我有幸向他汇报了我的这一探索与实践成果。汤姆老师不仅对我取得的成绩给予了高度评价，还特别赞扬了我对于密集催眠与脑波检测结合运用的科学探索精神。这一创新模式迅速在催眠行业内引起了广泛关注与热议，我的训练营也因此声名鹊起，预约者络绎不绝，档期更是排到了2025年。

我的努力与成绩不仅体现在专业领域内，更赢得了社会各界的广泛认可。从福建省家庭教育宣讲员大赛荣获一等奖，到被当地公安局、司法局、行政管理中心等聘为心理咨询师，每一步都凝聚着汗水与坚持。此外，我荣幸地被福建省心理咨询协会聘为副秘书长，还担任福建省中高考压力管理委员会副主任。**这些职务不仅是对我专业能力的肯定，更是赋予了我更大的责任与使命。**

我的故事，是一个关于信念、勇气与坚持的故事。我想告诉你：催眠真的可以改变命运。

04 总结回顾

从当时的迷茫自卑到现在的档期排满，我想总结三个关键点。

1. 催眠与学科的融合

以往，催眠技术多聚焦于大脑潜能的挖掘与身心的和谐统一，鲜少涉及具体学科，而我将催眠技术与记英语单词巧妙结合，这一创新为孩子们提供了前所未有的高效学习方案。

2. 成本与效率双赢

面对一对一催眠高昂的费用及催眠师精力与时间的双重压力，我深知这并非可持续发展的道路。催眠记忆英语单词密训营，以集体学习的形式，既降低了学习成本，又保证了教学质量。这一模式让高效学习不再遥不可及，成为更多家庭能够负担得起并受益的优质教育模式。

3. 超越竞争对手

许多夏令营成本高昂，且持续性差。我们的密训营从潜意识角度入手，经过科学验证，成效显著，孩子们在专注力、记忆力及睡眠质量等方面均得到显著提升，这一成果得到了社会各界的广泛认可。值得一提的是，密训营才刚刚起步，有巨大的发展空间。**未来，我期待能和你一起完善它。**

我的故事，是一个关于信念、勇气与坚持的故事。我想告诉你：催眠真的可以改变命运。

以医者仁心，

探索心灵深处的奥秘

郑慧春

健康生活方式催眠师

全科医生，医学硕士，辽宁五一劳动奖章获得者

国际科学催眠大师汤姆·史立福亲传弟子

身为医者,我深知自己肩负的责任与使命。在长达33年的临床医疗及健康管理工作中,我目睹了无数患者的痛苦与挣扎,也见证了他们的康复与重生。而在这漫长的职业生涯中,我逐渐领悟到,**真正的治疗并非仅仅针对躯体,而是必须触及心灵。**

在45岁那年,我毅然决定开启心理学的系统学习之旅,深入探索医学与心理学的交融之道。在这个过程中,我有幸遇到了孔德方老师和汤姆·史立福老师,并接触了科学催眠这一神奇的技术。那一刻,我仿佛找到了一把通往患者内心的钥匙。通过催眠,我能够深入他们的潜意识,与他们建立一种前所未有的联结。在这种状态下,我见证了他们的内心从封闭到敞开、从恐惧到平和的转变。今天,我想与大家分享我的职业生涯中的几个案例和心得体会,希望能为同样致力于人类健康事业的同仁们提供一些启示与借鉴。

01 科学催眠的力量:从依赖呼吸机到自主呼吸

夏女士的案例是我在职业生涯中遇到的一个重要案例。她因一次重症抢救之后长期佩戴呼吸机导致气管切开部位皮肤皮质化,形成了对呼吸机的强烈心理依赖。白天虽能维持正常血氧饱和度,但夜晚一旦摘下呼吸机,立即出现濒死感、呼吸困难及血氧下降的情况,严重影响生活质量及心理健康。夏女士本人表达了强烈的摘除呼吸机、封闭气管切口的愿望。

针对夏女士的情况,重症医学科经会诊,决定采用科学催眠干预作为气管切开创口封闭手术前的准备手段。面对这样的患者,我深知单纯的药物治疗已经无法满足她的需求,于是,我决定尝试运用科学催眠来帮助她。我与患者进行了深入细致的催眠前谈话与认知重建，确立了通过催眠治疗来增强患者自主呼吸能力、减轻心理依赖的目标。

首次催眠：在患者潜意识中植入"我是安全的，我是健康的"这一积极心锚，帮助患者体验久违的轻松、顺畅呼吸。

深入治疗：在第 4~6 次催眠中，患者逐渐熟悉并适应催眠流程，能够快速进入深度放松状态。在此阶段，我进一步强化了患者"夜晚自主呼吸，安全入睡"的积极信念，并在实际生活中逐步减少使用呼吸机的时间，直至完全摘除。我连续三个夜晚陪伴在患者身边，提供渐进放松指导，并进行血氧监测，确保患者安全过渡。

巩固强化：第 7~8 次催眠继续加强患者的自我认知与信心，植入"我完全可以自主呼吸，身体健康，安全无忧"的坚定信念，为气管切开创口封闭手术做好充分的心理准备。

手术与康复：在强烈的自主意愿与良好的心理准备下，夏女士于第 9 次催眠前毅然接受了气管切开创口封闭手术。术后反馈显示，她感受到了前所未有的急切与期待，手术过程顺利。随后，她在康复科进行了恢复训练，夏女士逐步恢复了正常生活，脸上重现了往日的笑容。

本案例展示了科学催眠在解决复杂医疗问题中的独特价值与潜力。精准的心理干预认知重建、ERT 技术，不仅帮助夏女士克服了依赖呼吸机的心理障碍，更为其成功接受手术、回归正常生活奠定了坚实基础。这一成功案例，为类似患者的治疗提供了宝贵的经验与启示。

02 跨越文化的心灵疗愈：外籍友人的神经性呕吐康复之旅

RAM 是一位远道而来的外籍友人，他因神经性呕吐而陷入困境。面对这样的患者，我不仅要克服语言和文化的障碍，还要深入了解他的内心世界，找到疾病的根源。

20 多天的频繁呕吐让 RAM 的世界仿佛被阴霾笼罩。食物成了他不敢触碰的禁忌，每一次尝试进食都伴随着难以言喻的痛苦与挣扎。他的体重骤减 15 千克，伴随而来的是头晕、乏力、胸闷等一系列症状，水电解质紊乱更是让他的健康状况雪上加霜。

在绝望之际，他来到我们的医院，寻求帮助。经过全面的检查与评估，普外科主任与我携手，决定采用心理催眠这一非传统疗法，为他打开心灵治愈的大门。

我通过 60 分钟的深入交流，跨越了语言与文化的障碍，走进了他的内心世界。在催眠的温柔怀抱中，RAM 穿越了时间与空间的界限，回到了儿时记忆中那扇充满温情与安全感的浅棕色木门前。在那里，我为他编织了一个关于爱、接纳与希望的梦境。中国妈妈的关爱、爱人的深情、家人的温暖……这些美好的情感如涓涓细流，缓缓滋润着他干涸的心田。

当催眠的帷幕缓缓落下，RAM 睁开双眼，目光中闪烁着前所未有的光芒与希望。他紧紧握住我的手，用感激的话语表达着内心的感动与释然。那一刻，我知道，我们已经共同跨越了这道难关。

随后的日子里，RAM 的病情奇迹般地好转。他找回了对食物的渴望，恶心呕吐的症状彻底消失了。我运用多种技巧和方法，帮助 RAM 放松身心、建立信任，并逐渐引导他深入自己的潜意识。在那里，我们共同面对了他内心的恐惧和焦虑，找到了导致神经性呕吐的心理原因。通过 3 次催眠治疗，RAM 不仅呕吐症状彻底消失，还重新找回了对生活的热爱和对自我的信心。

这个案例让我更加坚信，科学催眠能够跨越文化和语言的界限，为不同背景的患者带去心灵的疗愈和健康的希望。

03 梦想启航：从内心阴霾到复旦之光

喜讯传来，梦想照进现实

2021 年 7 月 23 日，一封饱含喜悦的信件跨越千山万水，抵达我的手中。妞妞（化名），这个年仅 17 岁的少女，以惊人的 686 分高考佳绩，叩开了全国顶尖大学医学院本博连读临床专业的大门。这份荣耀，不仅属于她个人，更是我们共同奋斗与汗水的结晶。

这个故事的主角，一个曾在高考重压下迷失方向的少女，面对即将到来的高考，她的世界似乎被一层厚重的阴霾所笼罩。情绪的低落、身体的不适、成绩的滑坡……这一切，如同沉重的枷锁，让她几乎喘不过气来。尤其是在"女生后劲不如男生"的负面暗示下，她的信心更是跌入谷底，仿佛一切努力都失去了意义。

她在绝望中的呼唤，引领我们踏上了改变命运的旅程。作为她心灵的引路人，我以科学催眠为钥匙，与她签订了一份特别的合约——一场关于自我救赎与超越的秘密协议。

8 次催眠，重塑自我

从初次见面的畏缩与低语，到第 8 次催眠后的自信与阳光，妞妞的转变令人动容。每一次催眠，都是一次心灵的洗礼，一次潜能的苏醒。她学会了如何面对压力，如何在困境中寻找力量，更重要的是，她找回了那个曾经开朗活泼、自信满满的自己。

首次催眠：轻风拂过，带走了些许沉重，她感受到了久违的轻松。

第2次：夜幕下的安稳睡眠，成为她恢复精力的源泉。

第3次：马尾轻扬，姿态挺拔，她以全新的面貌迎接挑战。

第4次：潜意识中的"宝石之旅"，让她意识到自己的富足与美好。

第5次：巅峰状态的回归，注意力与记忆力恢复，健康也随之而来。

第6次：考试中的从容不迫，是她掌握情绪调节方法的最佳证明。

第7次：模拟考试的佳绩，是她努力与坚持的甜蜜果实。

第8次：下笔如有神助，她已准备好迎接高考的洗礼。

医者仁心，共筑健康未来

作为一位拥有多年医学与心理领域经验的医者，我深知"病好医，心难愈"的道理。姐姐的故事，是对这一道理的生动诠释。我衷心希望，每一位医生都能掌握专业的心理干预技能，不仅治愈患者的身体疾病，更能驱散他们内心的阴霾，帮助他们找回健康快乐的生活。因为，真正的健康，是身心的和谐统一。

在此，让我们共同为姐姐喝彩，也为所有在追梦路上不懈努力的青少年加油鼓劲。愿你们都能以梦为马，不负韶华，勇敢地追寻属于自己的光明未来！

04 团体催眠助力中考奇迹：15名学子跨越770分大关

在阳光明媚、充满希望的2024年5月，我们带着教育局的深厚信任与期望,精心策划了一次针对辖区某中学九年级学子的心灵赋能之旅。针对即将踏上中考征途的护航班15名学子,开展了为期一个半月、深度定制的考前心理辅导与备考强化训练。

初识：焦虑与挑战并存

首次相聚,学生们心中交织着对未知世界的好奇与一丝丝不安、疑虑,如初春的嫩芽,既渴望阳光的温暖,又畏惧风雨的洗礼。心理测评如同一面镜子,映照出他们内心的波动——超出四成的学子被学习的重压所笼罩,仿佛置身于茫茫题海,难以找到前行的方向。近三成遭受身心症状的困扰,如腹泻、低热、心绪不宁乃至失眠,注意力不集中与嗜睡现象也颇为普遍。

启迪：心智之光,照亮前行之路

一系列精心策划、深入浅出的 30 分钟催眠前心灵对话,仿佛为学生们点亮了一盏明灯,驱散了他们内心的迷雾。我们运用心智模型与脑神经科学的钥匙,为学生们解开了记忆与专注的奥秘,引导他们认识到,三年的辛勤耕耘已让知识深深植根于潜意识之中,只需以平和之心、放松之态、专注之力,便能发挥出正常水平。我们分享成功案例,树立信心,以科技之名,承诺一次心灵的蜕变,让每位学子相信,他们已站在超越 80％同学的起跑线上。

蜕变：自信与专注的华丽转身

随后的 10 次团体催眠之旅,如同精心编织的梦境,引领学生们一步步走向自我超越。

05 医者的非电子冒险：勇探心灵世界的奥秘

在这个科技日新月异的时代，我始终坚信，真正的医者应该拥有一颗勇于探索的心。科学催眠作为一种非电子冒险的方式，让我有机会深入患者的内心世界，探索心灵深处的奥秘。**在这个过程中，我不仅收获了无数宝贵的经验和知识，还更加深刻地理解了人类心灵的复杂性和多样性。**

06 持续学习与进步：医者的终身追求

作为一名催眠师和医者，我深知持续学习与进步的重要性。在医学和心理学领域，新的技术和理念层出不穷。为了保持自己的专业水准和竞争力，我始终保持对新知识的渴望，不断探索新技术，如HMI科学催眠体系、汤姆·史立福脑科学催眠技术等等。通过参加各种学术会议、研讨会和培训课程，我不断拓宽自己的视野和知识面，并将所学应用于实际工作中，为患者带去更好的治疗体验。

07 医者的信念与坚守：以患者为中心，守护健康与希望

在长达33年的职业生涯中，我始终坚守着以患者为中心的信念。无论面对何种困难和挑战，我都将患者的健康和利益放在首位，竭尽全力为他们提供最好的医疗服务。同时，我也深知自己的责任和使命，时刻保持着对医学事业的敬畏和热爱。我相信，只有真正将患者放在心中，才能成为一名优秀的医者。

08 展望未来：科学催眠与医学的更多可能

展望未来，我坚信科学催眠将在医学领域发挥更大的作用。随着人们对心理健康的重视程度不断提高，越来越多的患者将采用心理治疗和心灵疗愈的方式。作为医者，我们将有机会运用科学催眠等先进技术，为更多患者带去健康和希望。同时，我也期待与更多同仁共同探索医学与心理学的交融之道，共同为人类的健康事业贡献力量。

09 以医者仁心，点亮心灵的灯塔

回首自己的职业生涯，我深感荣幸和自豪能够成为一名医者和催眠师。在这个充满挑战与机遇的时代，我将继续以医者仁心为指引，运用自己的专业知识和技术为更多患者带去健康和希望。同时，我也希望通过分享我的经验和案例，激励更多同仁勇于探索、不断创新，为医学事业注入更多的活力和智慧。让我们携手共进，共同创造一个更加美好的未来！

因为，真正的健康，是身心的和谐统一。

面对职业困境，
如何用催眠实现逆袭？

刘淑容

科学催眠专注力催眠师
有25年幼教工作经验的优秀管理者
国际科学催眠大师汤姆·史立福亲传弟子

01 遇见催眠前的故事

我是来自大熊猫故乡的刘淑容，之前从事了近25年的幼教工作和心理咨询工作，现在是一位专业的科学催眠师，以科学催眠技术帮助来到我生命中的青少年及其家庭。

今天，我想与你分享一个关于选择、职业困境和逆袭的故事。**这个故事让我走上专业催眠师的道路，让我笃行在科学催眠之旅中。**

故事是这样的，六年前的七月，我站在人生的十字路口。46岁的我，本应享受即将到来的退休生活，却突然面临了亲情与事业的双重考验。我该如何抉择？是继续我24年的幼教事业，还是回归家庭，陪伴我病痛中的父亲？

我的父亲，一个坚强而勤劳的人，他的健康状况突然恶化。他曾告诉我，他不想再去医院，不想再经历那些痛苦的治疗。他的生命之火在风中摇曳，他渴望在最后的日子里，有我陪伴在他身边。而我，作为他的女儿，与父母生活在不同的城市，从出来参加工作后，陪伴父母的时间非常少。他这个小小的愿望，我怎么能不满足他呢？

父亲总担心我陪他会影响工作，经常问我："孩子上大学的钱够了吗？养老的钱够了了吗？"他希望我在陪伴他时没有工作的牵绊，因为我每次去看他，飞过去待一两天，又要飞回来忙于工作。我意识到，我在工作和家人之间必须作出选择。

我的老公，因为担心我在幼教工作中的安全，长期处于紧张和焦虑不安之中，经常失眠。

我的女儿，高考没能考入自己理想的大学，决定复读，追求她的梦想。

这三个我生命中最重要的人，都需要我的支持和陪伴。在这之前，我忙于工作，没有多少时间陪伴家人。**在一个不眠之夜，我作出了决定：我选择了家庭，选择了爱。**我放下了那份我倾注了 20 多年心血的工作，开始了一段新的旅程，同时也进入了失业阶段。

02 我当时为什么要选择学习催眠？

当家人的身心状况不容乐观和孩子面临的学业压力如潮水般向我涌来，我站在了选择的十字路口，我多么希望有什么方法能帮助他们。

父亲被病痛折磨，他经常处在焦虑、痛苦、恐惧中，情绪越来越不好。他很容易被权威人士的言论影响。记得有一次，医生让家属把父亲的轮椅推到门外，再叫家属进去。医生和家属的谈话，父亲在外听得非常清楚，可家属和医生认为父亲在外不会听到。

当我接到父亲病重的电话时，立刻买好机票，晚上到达他看病的医院。晚上陪父亲时，他哭着告诉我，他想回家，不想再待在医院里面了，拒绝医生和护士给他做检查。他还说："医生说我的身体如一件破衣服，没法补了。"父亲的病情急剧恶化。

我奶奶、我父亲、我公婆，还有我老公的侄子在临终前的一段时间都经历了各种身心不适，我一直想，要是我有什么能减轻他们痛苦的方法就好了。

我自己的小家庭也面临诸多需要解决的问题。我老公曾为我幼教工作中孩子们的安全问题，成天焦虑不安。因为其他幼儿园有过出事的情况，那些信息深深地影响着他，他每天都生怕孩子们出点闪失。他的这种情况越来越严重,一听到我的手机响,他就开始紧张,然后问是什么事情。直到确认不是孩子的事,他才能放心。后来,他告诉我,我做幼教工作的那些年,他经常失眠。还有女儿的学业重担让我担心。这一切都促使我放下心爱的工作,按下暂停键,慢下来,去寻找一种能够让病中的家人舒缓的方法,为老公消除焦躁不安、治疗失眠的方法,为女儿减轻学业压力的方法。

03 遇见 HMI 科学催眠

带着这些诉求,我开始到处搜索答案。 正四处寻找时,我看到陈博士的文章,她说自己在孔德方老师那里学习催眠技术后,咨询效率大大提高。催眠技术不仅能调整情绪,还对失眠的人重新拥有好睡眠很有用。看到这里,我的激情一下被点燃了!

恰好那时陈博士邀请孔德方老师到南充授课。时间正合适,于是我选择报名学习催眠技术,期待用这项技术为我的家人带去一丝温暖。

2018 年国庆节,我踏上了学习催眠技术的奇幻之旅,带着好奇和期待走进孔德方老师的催眠课堂。一上课,我就被孔老师幽默风趣的讲解感染,忍俊不禁;勤学乐学的新生练习时废寝忘食,专注于操练,让我心生敬佩。

在课程学习中,我看到催眠不是我们误以为的催人入睡,催眠是一种有效交流、沟通的方法。如果每个家庭里面都有一位家庭催眠师,会少很多误解,孩子也能在父母的正向催眠中更好地成长。学着学着,我感觉我不仅仅是为了自己、为了家人而学习,学好用好催眠真的可以帮助很多人。

04 催眠带给我和家人的惊喜

一天晚上快 10 点的时候，我的手机突然响了，一看是班主任的电话，我心里一紧，赶紧接通。电话那头是我女儿，带着哭腔说她呼吸不上来，心慌，心口疼，心跳加速，感觉心要跳出来，呼吸困难，她很害怕。

她爸一听就急了，说要不马上去接她回来看医生。我一头雾水，不知道她怎么突然就这样了。去接她得一个多小时，我就先用学到的催眠技术引导她深呼吸，让她情绪缓和下来。

第二天带她去医院检查，什么毛病都没有，而且到医院时，她那些症状全没了。我们以为没事了，送她回学校，结果一回去，症状又出现了，还开始掉头发。

怎么办呢？那时候我没有更好的办法，正好学了催眠技术，就决定试试。我向学校老师申请，午休时间接女儿出来做催眠训练。就这样，我每周去学校两次，每周六晚上女儿回来时给女儿做睡前催眠，周日起床前简单做一下，午饭后回校前再做一下，连续一个月后，她的症状就消失了。后面女儿每周回来，我还是持续给她做催眠训练。直到高考去看考场，女儿都是做了催眠训练后才去看的。最终，女儿顺利考上了她心仪的大学！

其实她那时候就是面对三次大考，担心害怕，心想要是考砸了就完了，典型的高焦虑导致出现了心慌、心口疼、心跳加速、呼吸困难等不适症状。用催眠技术一训练，这些症状就都消失了。

05 学习催眠技术后,我做了些什么?

学习催眠技术回来,带着对催眠技术的喜欢,我开始每天自己练习,有时候还拿女儿的布偶当模特,就这么一天天地练,技术和引导越来越熟练。于是,我邀请老公陪练,他越练,身体感知力就越强。就这样练着练着,他听到我手机响就会特别紧张的症状不知不觉消失了,睡眠也变好了。

练了一段时间,我发现催眠对家人的帮助挺大,就举办了一个月的催眠公益体验活动,专门给青少年和家长体验。结果出乎意料,大家的反馈都挺好,有的人专注力提高了,身体也放松了,有的人情绪变好了,有的人睡得更香了。

06 我是怎么开始做职业催眠师的?

对科学催眠,我更喜欢去实证。在我自己、家人以及公益体验者身上使用催眠技术,我都得到了比较好的反馈。公益体验结束后,有家长主动找到我,说孩子正读九年级,初二时就出现考试前紧张,觉睡不好,饭也吃不香的情况,家长也跟着着急,之前看过心理咨询师,但效果不好。因此,这些家长愿意付费,让我帮助其孩子提升学习力和调整考试状态。

我给一个孩子做了5次催眠训练,每次她都给我反馈,说自己做完催眠训练后,情绪更稳定了,睡眠质量也提升了不少。最令人高兴的是,一到考试,她不再焦虑了,成绩稳步提升。就这样,我用

HMI科学催眠技术帮助青少年及其家庭。

每次看到来访者离开工作室时脸上轻松自信的笑容，还有他们受益后的反馈，我都特别开心，更坚定地用催眠技术助力每个来到我面前的生命，和他们一起成长。

07 在辅导中遇到瓶颈

我在用催眠技术辅导的过程中遇到瓶颈，对于坐不住的高年级段小学生，还有很有主见的来访者，做训练比较困难，因为他们很难跟随我的引导，让我很挫败。我想：要是有更适合他们的催眠技术，就会省好多力。没想到，还真有。那就是我们催眠课程的导师汤姆老师，他对用科学催眠技术助力很有主见的人或坐不住的孩子提升专注力，做了大量工作，取得了较为满意的结果。

最开始，我看的是视频和汤姆老师的书，看完照着做，效果挺好，于是反复看书，越看越喜欢。疫情期间，汤姆老师没法到中国授课。直到2023年，孔老师通过多方努力，终于再次邀请到汤姆老师到中国授课。尽管我看过书、视频，依然不满足，结果在汤姆老师的课堂上才发现，我看的书和视频只是看了个形而已，真正的核心动作要领全在课堂上，真的是只可意会，不可言传。只有亲自到课堂上体验和感受汤姆老师的每一个技术，才能产生顿悟。

课程学习结束后，我回来用汤姆老师的技术，尤其是ERT情绪置换帮助来访者，高效顺畅，随时可以根据来访者的情况自如应用。

08 催眠成果

集体案例成果

从学习催眠到用催眠技术帮助来到我生命中的朋友,我为3—9年级的学生持续做过五场室内或室外的催眠训练,每一场有1000—2000人,有效地提升了孩子们的专注力、想象力、抗挫折能力。大家很喜欢这样的训练方式,反响很好。我为九年级、高三的孩子做过多次考前集体训练,缓解考前焦虑,调整情绪和睡眠,模拟考试过程和考试状态,让中高考学子能在考试时正常发挥甚至超常发挥。我给心理咨询师以及商业团队做过300多次线上线下团体催眠训练。受益师生、家长以及职场人士超过10000人,每个人都反馈,催眠训练后情绪更稳定,想象力更丰富,记忆力越来越好,学习、做事时更专注、更自信。

个案成果

一个来访者工作晋升了,按理说,他应该是很开心的。可我的这位来访者从得知岗位调动到岗位真正调动的那些天,一直睡不好、吃不好,每天处在对新岗位的焦虑中,身体出现各种生理疼痛等不适症状。

真正调动岗位那天和接下来的一周,他整个人完全没法应对工作。不是他工作能力不强,而是他一到新工作岗位就出现各种不适,如心慌、心跳加速、全身无力。如果放弃这个好不容易得来的岗位，他又不甘心。

当他家人陪着他来到工作室，我了解了情况后，得知他知道自己会在 3 个月后升迁到一个比较高的岗位，这是他和很多人都渴望和羡慕的岗位，但有非常多的风险，于是他开始打听这个岗位的各种风险，然后在大脑里一遍又一遍地分析这些风险，最终他的情绪和身体承受能力都已达到极限。他变得坐不住，大脑反应迟钝，还感觉同事都在议论他。

我们一起梳理后，通过催眠技术中的 ERT 情绪重置法制订走上新岗位的应对策略。他一边工作一边在工作之余来训练，经过六次训练，这位年轻有为的来访者在新的工作岗位已经能顺畅自如地工作。

个案很多，就不一一列举了。每次看到来访者离开时脸上的微笑，我都特别开心，很庆幸自己一开始学习催眠就遇到世界前沿的科学催眠技术。科学催眠，带我从职业困境中走出来，开启我幸福人生的第二篇章。

我相信，催眠能够改变我的生活，也能够改变你的生活。我坚信，催眠未来还会带给我们更多的惊喜，等你一起来见证。

学着学着，我感觉我不仅仅是为了自己、为了家人而学习，学好用好催眠真的可以帮助很多人。

用催眠戒瘾，

为人生提分

林Sir

科学催眠戒瘾专家

7个催眠戒瘾案例入选司法行政(法律服务)案例库

国际科学催眠大师汤姆·史立福亲传弟子

我是林 Sir，是一名在催眠戒瘾领域深耕细作的实践型催眠师。我接受过系统专业的催眠培训，师承美国顶级催眠大师汤姆·史立福和中国科学催眠领军人孔德方，是科学催眠成长联盟的标杆会员，获得多个催眠培训班专业认证。我还是《催眠赋能Ⅱ：轻松改善你的性生活》编委会成员。

在这个物质丰富、生产力水平很高的新时代，人们对美好生活的追求从未停止。然而，有不少人饱受瘾症困扰，无法享受真正的自由。**眼见那些饱受瘾症折磨的人，他们的心灵被困在瘾症的牢笼中难以挣脱，在苦苦寻找戒瘾良方，我开始思考如何帮助他们，点燃他们心中的希望之光。**

自 2018 年起，我聚焦于催眠戒瘾这一专业领域，致力于运用科学催眠技术，帮助那些深受瘾症困扰的人，让他们找回自我。在这一过程中，我经历了从想做到却做不到的新手困惑阶段，到想到做得到的专业提升阶段，再到如今的精耕催眠戒瘾，为生命赋能提分的精耕催眠戒瘾阶段。我将与你分享我的成长历程以及用催眠帮助他人成功戒瘾的故事。

01 想做到却做不到

回顾过去，我曾是一个怀揣梦想的心理学专业毕业生，立志于运用所学知识帮助他人实现心中愿望。我怀揣梦想，奋力拼搏，顺利进入戒瘾领域工作，如愿从事自己感兴趣的心理咨询工作。然而，现实中的心理咨询工作并非像书本理论那样有章可循。面对一个个来访者，尽管我努力应用所学知识，却常常收效甚微。没有效果的心理咨询，是我不能接受的结果，这让我很失落。

曾经，有一位资深的心理咨询师对我说："**心理咨询的有效性，是心理咨询师的工作生命。**"这句话对我影响很大，一度成为我评价一种心理咨询技术是否高效的标准。我始终保持着对自身专业能力的清醒认识，深知要在心理咨询中帮到来访者，让他们获得想要的改变，必须具备过硬的咨询技能，而我却做不到。

我非常羡慕那些实践能力很强的心理咨询师，羡慕那些通过谈话就能够帮助来访者摆脱心理困扰的心理专家，所以，我有一个梦想，梦想着某天我能像他们那样，通过谈话就能帮助上瘾者戒瘾，帮助他们实现心中的愿望。

虽然我是心理学科班出身，获得过三级心理咨询师、社会工作师等专业证书，经常会想当然地认为自己是个专业人员，能帮助他人改变，实现心中的愿望。然而，心理咨询工作和考取专业证书、学习专业知识压根就不是一回事。看书和学习课程固然会帮助我们掌握理论知识，但一不小心也会让我们迷失在各种心理流派的理论知识里，而变得"不识庐山真面目"，最终仅仅是"知道"，不具备"做到"的能力。从知道到做到，中间有一条鸿沟，我该如何跨越这条鸿沟呢？

02 想到做得到

幸运的是，我发现了一个跨越知道与做到之间鸿沟的工具——催眠。只有在催眠模压训练中做到"让所有技术融入习惯，让任意的引导脱口而出，让专业风范充满魅力"，才能在实际的心理咨询工作中做到得心应手、信手拈来。

为了实现从知道到做到的技能跨越，从 2018 年开始，我接受了相当密集的科学催眠专业训练，多次去上孔德方科学催眠私房课、清醒催眠开口班、科学催眠导师班、科学催眠提分导师班、汤姆·史立福科学催眠治疗大师班的课程，系统掌握了真正可以实操落地的催眠技术，实现了从知道到做到的技能跨越，从收效甚微到效果显著的水平提升，从缓慢催眠到快速催眠的技术飞跃。

拥有催眠这一强有力的工具令我很兴奋，因为在实际催眠戒瘾工作中，我可以更直接有效地触及上瘾者的潜意识，找到他们的内在冲突，帮助他们"删除"上瘾带来的痛苦反应，"安装"积极健康的行为模式。

此刻，如果您对催眠如何戒瘾感到好奇，请带着您的疑问往下看，我将用两个精彩案例为您解密。看到最后，相信您会有意想不到的收获。

03 精耕催眠戒瘾，为生命赋能提分

当我系统掌握催眠技术以后，我开始尝试探索将催眠应用到戒瘾领域，帮助那些长期饱受瘾症困扰的人摆脱上瘾困扰。以下是我帮助一个有34年烟龄的人催眠戒烟的案例，它让我亲眼见证了潜意识改变的力量。该案例入选司法行政（法律服务）案例库。

在四次催眠戒烟的过程中，我采用了对比法来直观验证催眠的效果。每次催眠前，我会让求助者先吸一根烟，并描述吸烟时的情绪感受，观察其身体反应，以此作为参考。随后，在催眠状态下，我反复移除他不吸烟时出现的消极的情绪感受和身体反应，并且输入经过他本人同意的催眠建议，即吸烟时会感到不适的暗示。

第一次催眠结束时，我让他再吸一根烟，观察他的身体反应。

他点燃香烟，吸几口后，开始出现胸闷、咳嗽的反应，感觉手中的香烟不再是刚才吸过的香烟，而是又苦又涩、令人感觉厌恶的烟雾。

第二次催眠戒烟时，我又让他先吸一根烟，验证催眠戒烟的持续有效性。他感觉口中的香烟恢复了最初的味道。再次给他催眠戒烟，移除他不吸烟时出现的各种消极负面情绪、感受和身体反应，输入催眠建议。结束后，让他再次吸烟，他又出现了一系列的吸烟厌恶反应。

第三次催眠戒烟时，我又让他先吸一根烟，验证催眠戒烟的持续有效性。他一边摇头，一边表示不用再试了。经解释吸烟是作为实验对照，他才勉强同意吸烟。他一边吸烟一边摇头，感觉口中的香烟完全变了样，没有最初的味道了。

在二十天里，我总共给他做了四次催眠戒烟，最终他成功戒烟。

这个催眠戒烟案例，不仅展示了催眠戒瘾的有效性，也验证了潜意识改变一定是慢慢发生的。因此，催眠戒瘾不能操之过急，需要有静待花开的耐心和坚持不懈的恒心。

如果您对催眠戒瘾感兴趣，欢迎您与我交流探讨，我可以把多年来积累的经典催眠案例分享给您，供您参考学习，为您成功戒瘾赋能。

看到这里，您可能会有这样的疑问：既然催眠可以戒烟瘾，那么催眠能否帮助青少年戒除手机游戏瘾呢？

当然可以。亚当·奥尔特在《欲罢不能》这本书里提到一个观点："电子游戏上瘾的大脑模式与吸毒相同。"我在催眠戒瘾实践中多次印证了这个观点。事实上，各种瘾品或上瘾行为的上瘾原理是相同的，大脑的上瘾模式本质上是一样的，只是不同的瘾品或上瘾行为刺激大脑后所呈现出来的反应剧烈程度不同。下面，我将为您分享一个催眠戒除手机游戏瘾的案例。

陈迅（化名）是我亲戚的一个孩子，男，15岁，是七年级学生。他沉迷于手机游戏，经常半夜三四点才睡，第二天不能正常起床上学，考试成绩只有180多分。父母限制他使用手机，过程非常闹心，比如，手机被强制收起来后，孩子就控制不住地发脾气、摔东西、拒绝沟通、故意欺负弟弟、不去上学，直到父母妥协归还手机，才肯善罢甘休。

家长整天围绕孩子沉迷于手机游戏的问题，和孩子冲突不断，亲子关系紧张。家长怀疑孩子手机游戏上瘾，且经常情绪失控，存在暴力倾向，多次带他去看心理医生。但每次去看心理医生前，孩子都要提要求、讲条件，只有答应他的条件才愿意去。为了让孩子去做心理咨询，父母只能无奈地答应他的条件。前后看了3个心理医生，共做了6次心理咨询，没有效果，家长焦虑不安，无计可施，无可奈何之下差点就想把孩子送到青少年特殊学校去接受教育。他们经常想：孩子变成这样，再不干预，再不转变，就废了。

亲戚得知我在催眠戒瘾领域的专长，带孩子过来找我，希望我帮忙想想办法，矫正孩子的各种叛逆行为，让他放下手机游戏，回归正常的学习生活。

青少年手机游戏上瘾的现象，在当今社会非常普遍。上瘾的特征之一是孩子在玩手机游戏的时候，会产生愉悦兴奋的体验，比如开心、快乐、兴奋、激动等；上瘾的另一个特征是当孩子停止玩手机游戏的时候，会出现一系列难以控制的负面情绪，甚至失控的行为表现，比如焦虑、烦躁、愤怒、抑郁、发脾气、摔东西等。

在与陈迅的首次交流中，我没有急于给他做催眠训练，而是选择了倾听，了解他的内在需求。他的改变意愿和配合度都很低。我告诉他："我不是来和你简单地聊天，我也不是你父母请来收拾你的催眠师，我是来帮助你实现愿望的，而且我坚信催眠可以帮到你。"**当我说出这番话时，陈迅的眼神中闪过一丝光亮，仿佛黑暗中的一道曙光，他开始慢慢地放下心中的戒备，愿意配合催眠训练。**

在接下来的日子里，每一次催眠训练，我都尽力帮助陈迅释放停止玩手机游戏时出现的一系列消极情绪，同时引导他发现自己的优点，培养新的兴趣爱好，逐步建立起积极正面的情绪感受和行为习惯。起初，陈迅依然很抗拒，但随着训练的深入，他逐渐觉醒与转变，不再被游戏中的虚幻世界所迷惑。

经过多次催眠训练以及他自己的努力，陈迅终于放下手机游戏。停止玩手机游戏后，他不再表现出消极负面的情绪和旧的行为习惯。他开始意识到，一直以来，自己都在利用家人对自己的爱和包容，提出了许多不合理的要求。这种觉醒，让他的行为发生了质的改变——他不再因为手机问题而发脾气、摔东西，也不再逃避学习的责任，而是选择每天按时上学，积极面对自己的学业。

除此之外，陈迅还有了很多积极的变化，大脑专注能力得到有效提高，情绪管理能力得到有效提升，旧的行为模式得到有效修正，学习态度逐渐变得积极起来，每天坚持去学校上课。

陈迅的转变，让他的父母看到了希望。他们意识到，孩子之所以沉迷于游戏，很大程度上是因为缺乏正确引导和支持。于是，他们决定进一步通过催眠提分训练，帮助陈迅在学习上获得信心和争取更大进步。陈迅自己也感受到了改变的力量，开始主动补习落下的功课，努力追赶学习进度。

从催眠戒除手机游戏瘾的案例中，我们可以清晰地看到，手机游戏上瘾的孩子，他们往往缺乏戒瘾的意愿。因为游戏对他们来

说，不仅仅是娱乐，更是一种逃避现实压力的手段。停止玩手机游戏，意味着他们需要面对即刻出现的戒断反应，让他们忍受煎熬和痛苦。因此，催眠戒瘾的前期工作主要是激发孩子的戒瘾意愿，只有打开孩子的心门，让他们相信改变是可能的，进而引导他们走出虚拟的世界，拥抱现实生活，改变才会慢慢发生。

家长们把手机游戏上瘾的孩子带来做催眠训练之前，可能已经尝试了用各种方法对孩子的手机游戏上瘾进行干预，但大都是在孩子的意识层面做工作，因为低效或无效果失望过、放弃过。**事实上，孩子手机游戏上瘾的根源在潜意识层面，要在孩子的潜意识层面做工作，只有潜意识改变了，才能戒除手机游戏瘾。**

给孩子做催眠戒除手机游戏瘾，孩子的主观意愿度低，会有抗拒心理，所以，在最开始的时候，催眠师和家长要有策略地鼓励孩子坚持来做催眠。在孩子不愿意来的时候，父母要有足够的耐心和恒心，并主动和催眠师商量应对策略，了解孩子不愿意来的具体原因，用智慧化解孩子的戒瘾阻抗，让孩子坚持做催眠训练，才有机会戒除手机游戏瘾。

催眠戒瘾要求我们在理解上瘾者内心世界的同时，巧妙地引导他们朝着积极的方向发展。未来，我将继续在催眠戒瘾领域深耕不辍，探索科学催眠在戒瘾领域的更多应用，不断总结实践经验，解决戒瘾难题，形成经典案例，帮助更多饱受瘾症困扰的人重拾生活希望，为人生赋能提分。

催眠戒瘾要求我们在理解上瘾者内心世界的同时，巧妙地引导他们朝着积极的方向发展。

从困境到自由：

催眠的力量与奇迹

邓凌雯

催眠分娩实践者

法律工作人员

国际科学催眠大师汤姆·史立福亲传弟子

如果你问我催眠是什么？我会告诉你其实催眠是一种专业的技术，可以让你进入一种身体深度放松和精神高度专注的状态。在这样的状态下，我们可以绕过意识的屏障，直接接触潜意识层面；在这样的状态下，我们可以更轻松地探索自己的内心世界，改写自己的人生剧本；在这样的状态下，我们可以让意识与潜意识更好地合作，达成自己的目标，成为自己想要成为的样子，创造理想的生活。作为一名专业催眠师，在一次次的重塑自我与协助他人摆脱困顿人生的过程中，我发现了催眠既科学又神奇的力量。

最开始接触催眠，是为了解决自己的问题。我打小就是个不自信的胖孩子，一直到我读大学、工作，生活中总是充斥着许多不如意的事件，如高考及报志愿的失误、恋爱时被背叛、突如其来的中年叛逆，还有自己生活中存在的一些行为和症状，如对食物有狂热的喜欢，毫无节制的饮食习惯，肥胖的身体，年纪轻轻却神经衰弱，睡眠困难，喜欢杂乱的房间，一做家务就全身过敏。凡此种种，都让我感觉像被千斤重的石头压着一样喘不过气来。很长一段时间，迷茫、焦虑、低落以及强烈的失控感是我生活的主旋律。好在高中时，我就对心理学这门学问有兴趣。我意识到，我的身心大概率是需要调整一下的。于是，在某个下午，我拿起手机，买了几本书，开始走上自学心理学知识、了解自我及疗愈自我的道路。之后，我参加了国家心理咨询师考试，也到许多线下的工作坊学习了一些技术与工具，如沙盘、OH卡、心理绘画等等。我发现，它们都是很好的投射潜意识的工具。在不断的学习中，我慢慢开始对生活、对生命、对意识与潜意识有了更多的了解，也更深入地认识到自己的内在需求和渴望。当照见自己的时候，生活的一切也都随之往好的方向发展。

但是我始终认为，对于解决问题来说，我的所知所学还远远不够，我一直在寻找更高效解决问题的途径。直到偶然间，我读到汤姆老师的"科学催眠进化史"资料，其中汤姆老师的故事以及他用催眠创造的一个个神奇的改变，对我产生了强烈的震撼。我心中最大的疑惑就是：这是真的吗？内心的催眠之火即刻被点燃。我想：我是否可以用同样的方法来帮助我自己？于是我找到了该资料的译者孔德方老师，脚踏实地地跟着孔老师，一路从"模压班"学到了"导师班"，最后成为科学催眠的标杆会员。从二十几岁学到了三十几岁，从一个懵懂少女成了温柔的妈妈，我仿佛换掉了我充满压抑、悲伤的人生剧本。从前的我深陷暴食症的泥潭，无法自拔，每当情绪低落或压力很大时，我就会通过大量进食来寻求短暂的安慰，对美食既爱又恨，既需要又抗拒；而如今，我仍然热爱食物，但是我可以随时开始，随时结束，尽情地享受食物给我带来的美好的感觉，我成了食物的主人，不再有被食物支配的焦虑、内耗与恐惧。从前的我一听到做家务就退避三舍，一碰灰尘就全身过敏，到多个医院检查，却查不出任何变应原；如今，我可以清理家里最脏最乱的角落，拂去最厚最多的灰尘，做完家务身心舒畅，就像拂去的是自己心中的尘埃。从前的我但凡有一点光、一点声响就无法入睡，睡得再久，醒来仍然觉得很疲惫；而现在的我，随时随地都可以倒头就进入睡眠状态，做个自我催眠、短暂休息，便可充满活力。从前的我在感情里患得患失，缺乏安全感；现在的我，身心安定，此刻爱人伴着我敲键盘的声音正在身边熟睡，孩子在睡梦中甚至笑出了声音。从前的我常常自顾不暇，现在的我有能力为许多个案来访者解决困扰他们的问题。当我写到这里，我感受到了那种"非常突然的幸福"的感觉，这种感觉就像在炎热的夏天，在空调房里用勺子挖起冰西瓜中间最甜的部分放进嘴里那般爽快！

在自助之余，我走上了助人的道路，协助来访者们学会如何帮助自己，许多来访者通过催眠彻底改变了他们的人生。

曾经有一位产后抑郁的母亲找到我，她描述自己长期受抑郁和焦虑困扰，难以控制自己的情绪，有时感到莫名的悲伤，孩子哭闹不止的时候，会朝孩子吼叫，甚至有时脑子里会闪过带着孩子从楼上跳下去的念头！这让她自己感到害怕，也不知道如何应对。我们在进行催眠的过程中，协助她释放了深藏的情绪和痛苦，并且让她重新认识到自己的价值和美好，重新学会了自我接纳和爱护。几次催眠过后，她变得开朗了许多，重新拿到了控制自己情绪的钥匙，找回了生活的乐趣。两年后，她看到了朋友圈里我分享的顺利生出可爱的"催眠宝宝"的来访者案例，于是再次和我预约催眠，因为她正计划生二胎。我们拟定了工作计划，从她开始备孕到生产前一周，根据每个阶段不同的需求进行规律的催眠训练。在她的孕期，我们就做了许多次生产演习，所以当她上产床时，出奇地镇定，20分钟就顺产完毕。我去看望她时，她面色红润，精神饱满，开心地与我分享自己在产房里是如何运用催眠技术帮助自己顺利生产的。上个月，我们在街上相遇，她幸福地告诉我，二宝特别机灵、乖巧，自己情绪也很稳定。

另一位来访者是一个即将高考的孩子，来的时候脸上写满了焦虑。他告诉我，现在他一考试就非常紧张，甚至脑袋一片空白，晚上睡眠也很糟糕，特别是考试的前夜，几乎整夜失眠，所以在近几次模拟考中完全没有办法发挥正常水平。在催眠训练中，我针对他的睡眠、焦虑情绪的缓解、自信心的建立、考试能力的提升等做了全方位的调整，最终他在高考中超常发挥，考了658分。查到分数时，他激动地打电话跟我说，自己太开心了，定期的催眠训练在这个关键的阶段给了他莫大的帮助和支持！报志愿时，他选择了心理学专业，这让我很惊讶，因为我知道他是数理化全能选手，目标是考建筑相关专业，他说："我从前以为心理咨询师不过是听人诉诉苦，说一些安慰的话，从没想到他们真的可以让人产生这样惊人的改变。我想如果可以帮助别人创造想要的人生，那真的是一件特别有意义的事！"

我还曾帮助过一位跟我一样深受暴食症困扰的女生。她说自己最初是为了减肥，很严苛地控制饮食。有段时间，她在工作上有很大的压力，某一天因项目书没做好，被老板责骂，她的情绪彻底爆发。她在下班回家的路上，买了炒面、水煮鱼、奶茶、奶油蛋糕，还到超市买了薯片、饼干、冰激凌等各类零食，回家跟发疯似地往自己的嘴里塞，直到再也吃不下了，才猛然发现自己吃了那么多，晚上撑得难以入眠。后来，这样的事发生了好多次，她不断在严苛控制饮食和无法自控中反复横跳，日渐臃肿，从 126 斤涨到了 168 斤。除了飙升的体重，更可怕的是她时常控制不住地疯狂进食，进食后又感到挫败与内疚，于是开始催吐，最后健康亮起了红灯。

我与她分享了我自己的经历，曾经的我用了诸如断碳水、黄瓜鸡蛋减肥法、蔬菜水果减肥法等各种饮食法以及过量的运动等错误的方式，靠所谓的意志力屡次减重三四十斤，但是屡次复胖，最后通过催眠技术才自愈。我与她分享食物与内在情绪的关联："吃得停不下来，可能是因为害怕孤独，需要用食物来陪伴自己。"我通过催眠帮助她处理积压的情绪，利用汤姆·史立福老师教的 ERT 情绪重置疗法为她做了行为调整，引导她改变对食物的态度与依赖，带她建立更健康的饮食、运动的观念。我们总共做了 12 次催眠，持续了大约 3 个月，最后，她瘦了 26 斤，脸上洋溢着轻松、自信的笑容。

半年后，我对她进行回访，她又瘦了许多，从第一次催眠到回访时再没有出现过暴食和催吐的情况。她告诉我，催眠帮她释放了情绪、化解了内在的对抗、剥离了依附在食物上的情绪连接，并建立了新的行为模式和习惯。现在，她面对食物的时候，再也不纠结了，体重也保持在 58 千克，她有更多的时间和精力去创造美好的生活。

以上案例只是催眠改变我们人生的一小部分例子。每当看到来访者有这样的变化时，我都感觉自己充满了力量以及生命赋予我的价值。如今，每当许久没见的朋友问我，为什么我在三十几岁的时候，反而比少女时期更加神采奕奕？我告诉他们，科学催眠技术让我充满自信，不仅改变了我的人生，更让我实现了从自助到助人，再到助人自助的完美闭环！在平日的沙龙中，我常常跟参与者分享，科学催眠不仅可以帮助我们探索内在世界，还可以帮助我们释放负面情绪，以积极的心态面对未来的挑战，激发我们的潜能。通过催眠，我们可以学会相信自己，唤醒我们强大的内驱力，不断前进，最终实现自我超越！

如果此时的你同以前的我一样，感到迷茫、焦虑或困惑，不妨尝试一下催眠，它可能会成为你人生的转折点，它可能让你有机会亲手书写你接下来的人生剧本，它可能帮助你去创造理想的生活。最后，祝你，祝我，都能成为更好的自己！

当照见自己的时候，生活的一切也都随之往好的方向发展。

科学催眠——
我的寻宝之旅

夏丽雪

科学催眠提分导师
福建省中小学心理健康教育领衔名师
国际科学催眠大师汤姆·史立福亲传弟子

作为一名中学心理老师,我一直致力于探索心灵深处的奥秘,渴望利用所学帮助青少年摆脱困境,找回属于自己的人生轨迹。然而,我渐渐意识到,从掌握知识到实际应用,中间有世界上最深的鸿沟。许多孩子虽然知道诸多道理,却依然难以走出困境。这个现实让我心中产生一种强烈的渴望,那就是寻找一种能够真正激发改变的内在力量。

在漫长的寻宝之旅中,我深入学过元式催眠,学过马春树老师80多节视频课程,还参加过蔡仲淮老师的催眠培训班。尽管我在处理个案时已具备专业资质,但我内心始终缺乏自信,对自己的催眠能力存疑。

每次培训结束后,我目睹催眠师们的神奇演示,心中涌起自卑感。我不断怀疑自己,是否能像他们一样成功催眠他人?催眠技术真的能带来改变吗?这些疑问像乌云一样笼罩着我,让我在应用催眠术时犹豫不决、畏缩不前。

作为一名高中专职心理老师,我有大量可爱的学生作为潜在的实践对象,但在催眠的应用上,我始终未能迈出坚定的步伐。**这种内心的挣扎和犹豫,成为我寻求心灵改变之旅上的一个难题。**

2018年10月至11月,宁德市心理咨询师协会组织了关于催眠的读书会。那次读书会选读的是孔老师翻译的《汤姆·史立福教你学催眠》。那时,我还不认识孔老师。2023年7月,我看以前的朋友圈,看到了当时读书会的一张图片。我将这张图片发给了孔老师,他看到后说:"这就是潜意识脚本,现在实现了。"

《汤姆·史立福教你学催眠》不仅向我揭示了科学催眠的深层原理,还消除了我此前对催眠的所有误解和迷思。我开始认识到,催眠不仅仅是一种神秘的心理技巧,它有删除或修改潜意识中负面连接的能力,能够植入积极正面的情绪和习惯,进而提升个人的价值。

几年前,我的女儿即将参加新加坡的 A 水准考试(相当于新加坡的高考)。我参考了《汤姆·史立福教你学催眠》中的脚本,对她进行了远程催眠训练。令人振奋的是,她在考试中表现卓越,超出了所有人的预期。她告诉我,走进考场的那一刻,她感觉十分从容。最终,她以六个 A 的优异成绩被新加坡国立大学法律专业录取。那个时候,我尚未与孔老师相识,更没有想到会参加他的培训班。这一切都是催眠的力量与我对知识的渴望创造出来的奇迹。

2019 年 12 月,宁德市心理咨询师协会邀请到了资深催眠师李新华,举办了一场主题为"手把手教你训练专注力"的沙龙。在这次活动中,李新华老师以科学催眠师的身份出现,我首次听到了"从知道到做到的距离,是世界上最遥远的距离"这一深刻论断。这句话在后来的日子里不断地触动我的心灵,成为我内在动力的源泉。

在李新华老师的引导下,我在 2020 年 4 月 1 日开始了对孔老师课程的系统学习,先后学习了"HMI 科学催眠初级录像课""个人修炼 6 堂人生必修课"以及"催眠力提升实战班 1.0 精华课程"。这些课程的学习让我被科学催眠的魅力所吸引。

尽管尚未有机会参加孔老师的地面课程,但我对催眠的理解已经发生了翻天覆地的变化。**催眠,不仅仅是一门艺术,更是一门科学,一门深植于神经系统运作的脑科学。**它拥有重塑大脑的强大能力,能够对人生的内在脚本进行重新编写,从而真正提升心理能量,实现深层次的心理和行为改变。

凭借之前打下的催眠基础,加之丰富的临床案例,我在短短几个月内对催眠技术的掌握和应用得到了显著提高。在 2020 年中高考期间,我运用催眠技术帮助众多考生缓解了考试焦虑,让他们在考场上能够正常甚至超常发挥。

在高考前一个半月,我为学校高三年级的学生举办了六次团体催眠活动,学生们的积极反馈令我深受鼓舞。同年,我们学校的高考成绩也实现了突破性的提升。值得一提的是,一位朋友的孩子,在高考前 40 天左右因过度焦虑而无法踏入学校大门。经过七次科学催眠的干预,他不仅能够镇定自若地参加高考,而且发挥出色,高考成绩从之前的最高分 548 分跃升至 606 分,这一显著的进步充分证明了催眠在提升考生心理状态和应试能力方面的有效性。

2020 年 9 月,我尚未参加孔老师的地面课程,但我这个仅通过线上学习的准弟子得到了孔老师的首肯。在由宁德市心理咨询师协会举办的一场沙龙上,我分享的主题是"科学催眠原理在家庭教育及个案咨询中的实践与探究",获得了同行的广泛赞誉。

2021 年 5 月,我终于来到孔老师的教学现场。孔老师的催眠培训与我接触过的其他催眠课程迥然不同,它不仅涵盖了理论知识,更强调实战技能。经过五天四夜的密集模压课程,我对科学催眠术充满了信心。

我深刻认识到,催眠的过程实际上是一个信心传递的过程,我真正领悟到了催眠的关键要素之一——视觉化。在做催眠个案之前,我总是充满信心,仿佛已经预见了成功的结局,我相信我能够催眠对方,这种信心不仅是对自己的技术有信心,也是自我气势的展现。在为学生们实施团体催眠时,我能够毫不犹豫地告诉他们:"我是一位技艺高超的科学催眠师。如果效果不尽如人意,那不是因为我的技术有问题,而是因为你们没有全身心投入,你们的感受不够敏锐,或者你们尚未完全相信催眠的力量。"这种自信让我在团体催眠后收获了大量的积极反馈。

2023 年 8 月，我参加了汤姆·史立福的科学催眠治疗大师班，从而对催眠的科学本质及脑波变化有了深刻的理解。通过 EEG 脑波显示仪器，我亲眼见证了催眠状态下受助者的脑波由高频降至低频的过程，这一变化不仅体现了催眠的科学性，也揭示了催眠为解决心理问题提供了思路。

在过去的一年里，我运用科学催眠技术协助众多孩子增强自信心、提高专注力，并消除负性记忆所带来的不良影响。其中两个个案的效果尤为显著，案主家人都惊叹不已。

有一个外地来的个案案主，她是一位 30 岁的女公务员，拥有出众的外貌、高学历和很好的性格，但始终未能步入婚姻的殿堂。原因在于她在幼儿园时期遭受了性侵，当时并未感到恐惧。然而，随着年龄的增长，进入青春期后，她重新解读这段经历，导致无法释怀，所以每当有男性靠近便感到极端恐惧。尽管成年后，她尝试了多种心理治疗方法，但始终未能摆脱负面感受。在我运用 ERT 技术进行干预后，仅经过 9 次治疗，她已经完全放下了这段负面经历。后来，她开始与一位男性正常交往，并于 2024 年 5 月结婚。这位案主激动地表示，科学催眠改变了她的一生，让她作为一个女性感受到了幸福，弥补了她过去的遗憾，使她的人生得以圆满。

还有一位高二男生，他的家庭条件不错，父母均为公务员，但他却有一个难以启齿的习惯：无法自制地寻求刺激，包括偷窃老师的试卷、同学的学习用品、舍友的内衣甚至金钱。尽管每次他都会感到强烈的自责和愧疚，但他仍然无法摆脱这种刺激行为的诱惑。这种行为模式给他带来了严重的后果：精神恍惚、身体疲惫、头痛失眠、内心焦虑不安。尽管多次被老师、同学当场抓获，并受到学校的处分，他仍然无法控制自己的冲动。我首次对他应用了 ERT 移除技术,治疗后,他反馈自己感受到了前所未有的自由,不再被愧疚感束缚,表示已经很久没有体验过这种感觉了。经过 6 次 ERT 移除技术的治疗,这位学生的不良习惯已经得到了彻底的改变。

科学催眠技术使我得以在心灵治愈的道路上稳步前行,充满自信。每一次帮助个案案主摆脱困境,实现内心的解放与成长,都让我感到无比激动与满足。这段旅程让我深刻认识到,催眠的力量是巨大的,它能够激发希望,促进改变,重塑人生。回顾这段历程,我感慨良多。我感激科学催眠赋予了我帮助他人的能力,彰显了我的个人价值。正是这段治愈之旅,让我坚信科学催眠将持续为更多寻求帮助的人带来心灵的疗愈。

科学催眠技术使我得以在心灵治愈的道路上稳步前行，充满自信。

催眠提分和家庭教育的融合，

让辍学的孩子逆袭成优等生

付 蓉

科学催眠提分导师
家庭教育五遵法创始人
国际科学催眠大师汤姆·史立福亲传弟子

回忆一下，你为了提升孩子的学习成绩，做过些什么？去培训机构补课？请家教？请名师一对一辅导？做专注力训练？开发大脑潜能？参加家庭教育讲座……我想问你，这些有没有解决你的问题、缓解你的焦虑呢？

读完这篇文章，通过一个科学催眠加家庭教育的典型案例，或许你就能给孩子提分，并且解决孩子在青春期遇到的成长问题。

在讲案例前，请允许我介绍一下自己。我是付蓉，字小容，号莲花居士。出生在"唯楚有才，于斯为盛"的芙蓉国——湖南，现在是新北京人，担任北大博雅教育研究院家庭教育课题组组长，创办了"成长一课"和鲲鹏少年成长中心。

我是一名家庭教育指导师的培训导师，从事家庭教育十几年，和朋友一起办过假日学校，收留了很多厌学辍学的孩子。在这过程中，看到孩子很多问题的根源在家庭，于是我参与家庭教育的推广普及工作。在中国关心下一代工作委员会的领导下，在全国开展了"关心下一代家庭教育中国行"大型公益活动，惠及上百万个家庭，并培养了2000多名家庭教育指导师，在全国各地进行家庭教育宣讲工作。我们的公益活动在央视新闻频道、中国教育电视台、各地电视台、主要网络媒体上都有报道。

在长期的家庭教育实践中，我们发现学习成绩是很多亲子冲突以及孩子心理问题的压力来源，也是很多家长愿意为此进行家庭教育学习的动力源。 我带领课题组成员应用科学催眠技术以及脑科学的先进成果，为一些厌学辍学的孩子进行提分训练，取得了非常好的成果。同时，我们把催眠提分技术用来给中高考学生减压赋能，缓解了学生和家长的焦虑，让学生考出了好成绩。最重要的是通过提分这个家长最看重的结果，带动了更多的家长走进家庭教育课堂，让他们对家庭教育产生兴趣，给孩子创造良好的成长环境。

接下来，我会通过一个孩子从辍学到班级第一，到被保送进入重点高中的典型案例，来分享催眠提分是如何带给学生和家长改变的。

这个案例的主角叫明明。明明辍学已经大半年了，去医院精神科进行了诊断和治疗，吃了大半年的药，也接受过心理咨询，但他没有太大的改变。这半年多时间，家长非常痛苦。明明妈妈通过我的学员找到我，态度非常诚恳，表示自己一定努力学习家庭教育。

通过与明明妈妈的深入交流，我了解到明明小学成绩很好，升入重点初中后，因为学习任务繁重，又不能适应初中老师的教学方式和管理方式，加上和同学关系也比较僵，忍受了一年后，在升八年级时，他就不去上学了。这看上去是一个孩子辍学的问题，其实是家庭教育的问题，只是到了"八年级"这个特殊的阶段才表现出来而已。

明明家长的教育方式是在学习上严格要求明明，明明非常刻苦，家长很严厉，脾气也比较急，容易被激怒，情绪很不稳定。考试如果考得不好，家长就会批评明明，但在生活上特别宠明明，不让明明做家务活和其他与学习无关的事情，明明在生活上有任何需求，都会满足。明明考试考得好，就奖励他，给他买他需要的东西。在明明不适应初中生活的时候，家长只是一味地找外因，如去学校找老师调座位、调宿舍、调班级等等，只看明明成绩有没有排在班级前列，只要求明明学习，不关心明明所承受的压力。在来自家长和学校的双重压力下，明明怎么努力，成绩也上不去。这样，明明越来越紧张、焦虑，导致入睡困难，睡眠严重不足，也因焦虑引发严重的躯体反应，一上课就拉肚子、呕吐。但家长因为不懂，只会带明明去各个医院看病，最终导致明明完全放弃，不去上学了。

这时候,明明妈妈才感觉到事态严重,有医生建议带明明去精神科看看,诊断结果是抑郁、精神焦虑、躯体焦虑、大脑极度疲劳。为了给明明治疗,明明妈妈放下了工作,但是想尽了办法,明明也没有太大的改变,就是不去上学,并且在家里除了睡觉、玩手机,什么都不做。家长一点都不能说他,因为他一言不合就歇斯底里地哭闹。家长近乎崩溃,甚至想要放弃,想让他爱怎么样就怎么样,不上学就不上学,自生自灭吧。

明明到我这里的时候,我首先肯定他愿意来找我,共情他的痛苦,看到了他内在不屈的顽强的灵魂,看到了他向好的想要改变的愿望,感谢他相信我,愿意让我来陪伴他走过这段艰难的日子。我看到他并没有点头,也没有回应我,我就用催眠的逆向法则,说:"我帮助过很多跟你一样的孩子。如果你愿意相信我,那么以我的专业和经验一定可以帮助你;如果你不相信我能帮你,那你可以选择离开。"紧接着,我用充满关怀的、慈爱的眼神看着他,用缓慢、温和而坚定的声音对他说:"来,看着我的眼睛,告诉我,你愿意为了自己的未来相信我吗?你愿意试一试吗?"明明点了点头,我伸出手用力握了握他的手,微笑着说:"很好,谢谢你愿意相信我,那么我们就这么说定了,接下来我会陪你走一段时间,我会用我的专业、用我的慈爱(这是我的年龄和亲和力的优势)陪伴你,支持你,帮助你走过这段日子,我们一起努力,好吗?"**明明又点了点头,我看到他眼中泛起了泪花,我知道他已经接收到了我的爱与支持。**

像这种经历了几个医生和心理咨询师的来访者,我们尽量避免让他过多地讲他的经历,除非他愿意,因为他已经讲过几遍了,会有抵触情绪,所以我说:"明明,你可不可以给我讲你感觉最痛苦和最快乐的事?"听完他讲的事后,我让他回忆一下,事情发生时,他是怎么想的,做了什么样的决定。然后,我给他画了心智模型图,给他讲了意识、潜意识、批判区的工作原理,讲了它们如何让我们产生反应,引发怎样的联想。因为分析的是他自己经历的事件,所以他容易理解和接受。**这样,明明从开始的抗拒到后来很信任我,接受我为他做的咨询方案。**

通过测试,我发现明明是一个超级情绪型的孩子,相比躯体型的孩子来说,催眠难度大很多。我循序渐进,每次咨询开始前,我都先讲一点脑科学、心理学的知识,让他感觉放松、舒服,让他放下防御,不给他任何压力。这样,明明逐渐开始调整睡眠时间、作息,增加了室内运动、干家务活的时间,接着做户外运动、减少了玩手机的时间。只要不提学习,明明都很愿意配合。

怎么让他接受学习呢?我想到了心灵银行。我让他记心灵银行账本,价值事件里包含一些兴趣爱好,如阅读。每周咨询的时候,根据他记录的心灵银行账本存钱的金额,让家长帮忙兑现,比如说去一个比较好的餐厅,允许他多玩一两个小时的手机,并且针对心灵银行记录的事情和情绪来进行分析和催眠处理,开始进行一些暗示,描绘他未来理想的样子。到了暑假之前,我就和明明达成了暑假后回学校上学的共识,并且开始进行补习。补习先从他喜欢的语文开始,后来明明主动提出增加其他学科的补习,到9月1日开学,明明顺利地重返学校。

接下来,在开学的前两个月进行了巩固训练,以防返校后恢复原样,直到明明完全适应,并且能够轻松快乐地学习,端正了对学习的态度。在期中考试前,我为他做了催眠提分训练,他的成绩进步很大。这样就消除了明明对学习的恐惧,让他对学习有了信心,看到了未来进步的希望。

九年级是一个对老师、家长、学生都有着很大压力的年级。在这个阶段，明明有几次大的情绪波动，但因为及时找我咨询而顺利地应对了，比如在中考百日冲刺倒计时，明明看到倒计时的天数就非常紧张难受，老师当众责罚触发了他的应激反应，莫名其妙地流泪，被同学孤立、精神霸凌等等。这个过程让明明学会了处理情绪，提升了认知水平，内在力量变得强大起来。明明的成绩提升到班级第一、第二名后，也有考试失利的情况发生，但他都能够坦然面对，父母过分看重分数、排名给他造成的考前紧张的症状基本上消失了。因为成绩优异，明明在中考前就被几所市级重点中学提前录取。总之，在这个过程当中，科学催眠起了重大的作用，相比其他的心理技术要简单快捷、有效得多，大大缩短了咨询周期，为家长省了钱，为孩子和咨询师节省了大量的时间。

值得一提的是，家长的配合非常重要。我在咨询前给明明妈妈讲了孩子学习成绩的五大"拦路虎"，让她看到作为家长曾经犯下的错误，明白明明的现状家长负有主要的责任，明明要改变，首先家长要改变。我让明明妈妈完整地学习了我录制好的视频课"家庭教育五遵法"，并利用生活中发生的每个事件来练习沟通五部曲，进而练习沟通七部曲。训练家长对情绪的管控能力，帮助家长制订自己的学习和人生规划，把焦点放在自我成长上。要让孩子成为优秀学生，先要让自己成为优秀父母。明明妈妈的成长非常的可喜，亲子关系、夫妻关系都得到了很大的提升。明明爸爸看到了妻子的变化，感受到了久违的温馨和幸福。

每每帮助辍学的孩子重返学校，再用催眠提分帮他们提高成绩，让家庭重归和睦幸福，我都会很开心。我愿意为此奉献自己的时间和精力，陪伴来访者成长。

  "少年强则国强"，中华民族的复兴一定是教育先行，而在教育中，家庭教育是重中之重。催眠提分可以解决家长和孩子最关心的问题，不仅提升孩子的学习成绩，让孩子爱上学习，也能带动家长主动学习家庭教育。德国哲学家雅斯贝尔斯在其经典著作《什么是教育》中提出："教育的本质是一棵树摇动另一棵树，一朵云推动另一朵云，一个灵魂唤醒另一个灵魂。"无论是父母还是催眠师，觉醒和改变才是教育真正的开始！让我们为孩子的健康成长、为家庭的幸福、为祖国的繁荣昌盛贡献自己的力量！

催眠提分可以解决家长和孩子最关心的问题，不仅提升孩子的学习成绩，让孩子爱上学习，也能带动家长主动学习家庭教育。

用智慧的爱
科学地服务生命

唐 荧

身心康复理疗师
义务教育阶段心理健康老师
国际科学催眠大师汤姆·史立福亲传弟子

我是一个单亲妈妈。刚跟前夫分开的时候，儿子不到 2 岁。如今，儿女都跟我生活在一起，女儿的性格开朗，儿子的性格沉稳，孩子们的阳光和自信让我感到特别欣慰。刚离异的时候，我的生活一地鸡毛，抑郁到自顾不暇，根本没法好好照顾孩子。后来，我走上了持续学习的道路，自己的状态不断改善，孩子们的状态也越来越好。自身的特殊经历，让我坚持学习、实践，立志成为一名助人、自助的心理咨询师。**一路走来，是科学催眠改变了我的人生。**

在学习科学催眠之前，我学习了元认知心理干预技术、儿童游戏治疗、家庭系统排列、沙盘游戏治疗等心理学技术。技术的学习让我只知皮毛，短于实践。为了搞清楚一些心理问题症结所在，我还拿到了心理学本科文凭。有理论、有技术了，可咨询效果还是不好。2018 年暑假，我走进了孔德方老师的科学催眠模压班，学习了HMI 科学催眠技术。通过科学催眠的学习，我才恍然大悟，原来有效的心理咨询就是一场成功的催眠。

催眠改变了我的生活，也改变了我周围的人。2018 年国庆，一个妈妈找到我，说孩子每次在考试前都失眠，睡不好觉。当我知道国庆放假结束返校后学校会组织一次月考时，针对孩子的情况，我进行了一对一的咨询。首先，了解孩子的具体情况、本次咨询想要达成的目标、可以实施的策略等。其次，我在催眠状态下为孩子调整认知，创造积极的情绪体验。后来，孩子在月考中取得了年级第一的好成绩。

同年，我有幸作为志愿者，带着科学催眠技术走进了我们当地的一所学校，为八年级六班的学生做集体催眠。八年级六班是一个普通班，由于家庭原因、学习科目多、学业难度大、学生的自我认知不足等多方面因素，该班部分同学出现厌学甚至不学的情况。班主任跟班里的后进生及家长多次进行沟通，效果均不太明显，亲子关系、同伴关系、师生关系等人际交往冲突严重影响了学生的学习效果，学生的情绪管理、时间管理等诸多方面都有进步空间。

2018 年 9 月开学伊始，在征得班主任老师的同意后，我利用每周一第一节晚自习 40 分钟的时间，坚持给八年级六班全体学生做集体催眠。每次集体催眠前，我都选择一个主题跟孩子们进行简单的分享，比如情绪管理改善亲子沟通、制定科学的学习计划、优劣势学科作业交替做以保持兴趣和专注力、难易不同的作业交替做以增加学习成就感、结对帮扶提升学习效率等。在跟学生探讨具体学习方法的同时，引导学生在催眠状态中通过具象化的画面感知成功改变的结果，潜移默化地影响并改写学生的潜意识脚本，提升学生的自我管理能力。

在参与集体催眠的学生中，有一个男生非常特别，他叫小A。小A 是七年级下学期转到六班来的，家长认为这孩子有多动症。据我观察，这个孩子非常聪明，但上课不太守纪律，老爱左顾右盼、说小话。他除了爱上体育课之外，对其他科目的学习均毫无兴趣。上数学课时不是说话，就是睡觉，对于回答不出老师提的问题不以为意。

第一次做集体催眠时，小A 非常抗拒，具体表现为：在座位上不停地扭动身体，让椅子发出异响。时不时抬头看看老师，转身瞅瞅同桌，要不就玩自己的文具。基于平时对他的了解，我选择用手势提示他保持安静。出于对我的尊重，小A 虽然没有跟随我的引导语参与催眠，但还算遵守纪律。我为了确保全班催眠效果，只能忽略个别特殊学生。催眠结束后，小A 主动找到了我，说他不是故意捣乱，而是真的控制不住自己，闭上眼睛就心慌，脑海里各种念头乱飞，老师的话根本听不进去，特别是教室里特别安静的时候，他完全没法专注地听老师的声音。由于小 A 的态度诚恳，我对他催眠时的表现表示原谅，并鼓励他尽可能保持安静，能够跟上就跟上，不能跟上催眠的节奏就放松自己，用自己喜欢的姿势坐着就好，睁眼闭眼都无所谓。

课后，我数次与小 A 就数学学习情况、学习习惯养成等进行一对一谈话。不知是出于对志愿者的敬畏，还是他想合群，跟同学们一起参与集体催眠，慢慢地，他从一开始的烦躁不安，到能够保持在整个催眠过程中不发出声音，偶尔睡着，再到后来能够按照我的引导语参与集体催眠，并进入催眠状态，看到他脑海中的画面。在初中毕业的留言册里，小 A 对我表达了真诚的感谢，特别对八年级时的集体催眠这段经历进行了大篇幅的赞美，说我治好了他的多动症，让他能够静下心来努力学习，并考上了理想的高中。从小 A 的转变不难发现，学生的自主管理能力、专注力确实是可以通过科学催眠的训练达到理想效果的。很多时候，不是孩子不优秀，而是在成长的过程中他没有办法控制自己的情绪和行为，总是有意识无能力，后知后觉。通过集体催眠，我们不难发现，像小 A 这样有向好的心、有改变意愿的孩子，加以训练，完全可以达到学习专注、高效的理想效果。

在集体催眠中，催眠师纵观全场，不难发现每个孩子都存在个体差异，相同指令的完成情况也各有不同。部分孩子出现睡着或者无法进入催眠状态的情况。平时有焦虑、抑郁情绪的学生对催眠师的引导词普遍都不太敏感，指令的服从度特别低。那些平时热爱学习、专注度高的孩子，往往很快就能够理解催眠师的引导语，迅速进入催眠状态，获得极佳的催眠体验。部分孩子因为学业压力大，学习时间较长，出现了因睡眠不足导致的免疫力低下、头晕、厌食等状况。集体催眠让孩子的身心深度放松，释放了压力和负面情绪，帮助孩子迅速恢复理想的学习状态。

一学期下来，参与集体催眠的八年级六班多个科目的平均分位列年级第一名。英语老师反馈，孩子们记单词的正确率明显提升。班主任反映，班级学习氛围更浓了，自习时间的纪律更好了，大部分孩子的各科学业成绩都有了显著的进步，班级进入年级前50名的人数增加了。

做好初中生的集体催眠的关键在于跟学生建立信任关系。在第一次做集体催眠前，可以利用一节课时间，给学生讲解心智模型、催眠原理、脑波理论等，让学生对催眠感兴趣，从而为学生更好地体验催眠奠定基础。特别需要给学生讲明白"被催眠也是一种能力"这一认知，让学生对催眠有敬畏之心，且发自肺腑地相信并愿意体验催眠。对于集体催眠中的部分引导词，在考虑学生的个体差异的同时，要注意催眠的一致性，比如手贴脸时，可以通过数数字"一二三"，让手和脸贴上和没有贴上的学生一起按照指令进入下一个流程，其他指令也可以根据现场的具体情况进行临时调整，让每一位学生都获得极佳的催眠体验。

这些年，科学催眠改变了我，帮助我成为更好的自己，健康快乐地陪伴一双儿女幸福生活。为了帮助更多的人，我于2024年暑假参加了汤姆·史立福科学催眠治疗大师班的培训，持续不断地学习，受益匪浅。我享受着与科学催眠相伴的每一天，活得通透，活得明白。以前，我特别爱算命。学习了催眠之后，我再也没有算过命，因为命都掌握在自己的手上。所谓命，不过是每个人信念体系的显化，每个人都可以掌握自己的命运，人人可以为自己改命。现在，我掌握了自我催眠的方法，还影响着身边的人。即使遇到问题，也能沉着冷静应对，随时随地让自己进入积极的情绪状态，享受美好生活。

这是一个信息超载的时代，AI技术代替了人类的很多工作，让人惶恐不安。我们总是在寻找一种能让我们放松身心、释放压力的方法，而催眠就像一种魔法，帮助人们摆脱烦恼，找回生活的快乐与激情！有人说，催眠是一种神秘的艺术，能让人们进入梦境，体验不同的世界。在我看来，催眠更像一种科学的工具，它能帮助我们认识自己，挖掘潜能，实现梦想。而我，就是那位擅长运用催眠技巧的魔法师，让人们在轻松愉快的氛围中，感受到催眠的魅力。愿与更多的家人和朋友一起，走近科学催眠，开启人生的美好之旅！

通过科学催眠的学习，我才恍然大悟，原来有效的心理咨询就是一场成功的催眠。

父母是孩子
天生的催眠师

刘友梅

身心康复理疗师
科学催眠提分导师
国际科学催眠大师汤姆·史立福亲传弟子

记得有一年过年回家带侄子玩,我习惯用父辈的方法和孩子沟通,总是和他说:"你不要这样,你不要那样!"3岁左右的侄子用稚嫩的声音和我说:"姑姑,你不要总是和我说不要这样!不要那样!你应该告诉我要怎么做,不然我不知道怎么做。"当时我心里一惊,这孩子说得没错,我以前怎么没有想过这个问题。

还有一次,他摔跤了,我又学着长辈们的样子,跺脚,唾弃,"这该死的地板!害得我家的牛牛摔跤。"二哥看到了,立刻跑过来说我:"你这样做,只会让孩子学会推卸责任。"我又被上了一课。

这两件事情,让当时还没有结婚的我意识到做父母是需要学习的!

因为结婚前听二哥刘创标说孩子成长是有敏感期的,所以怀孕的时候,我就开始看孙瑞雪老师的《捕捉儿童敏感期》《爱和自由》等作品,还把蒙台梭利的《童年的秘密》系列也学习了一遍。之后,还参加了一个蒙台梭利教育的培训。所以虽然第一次为人父母,但是我没有初为人母的手足无措、焦躁不安。

在女儿处于空间探索期的时候,收好该收的东西,给她布置可以探索的空间。在秩序敏感期,给予她足够的理解和支持。当我们真正了解孩子的时候,我们就能更好地养育孩子。

二哥的几句话,让初为人母的我省了好多麻烦事,所以2015年,他和我说:"父母是孩子天生的催眠师。我觉得你可以去学下催眠。"我便毅然决然地走上了催眠学习之路。

当时正好广州某大学的一位教授要开课,于是我第一次离开女儿,去广州上了4天3夜的催眠课程。在这次课上,很多同学都是第一次接触催眠,对催眠有未知的恐惧,所以要上台示范的时候,没有人愿意。而我因为储备了当心理教师的二哥普及的催眠知识,对催眠充满了向往,充满了信任,所以我多次上台示范,深度进入催眠状态，去感受催眠。

第一次亲身体验催眠时，我可以感知到外界的一切，我的身体在听从老师的指令。在我控制不住抽泣的时候，台下的同学们窃窃私语，拍照，录视频。我心里在想：我这么丑的样子，你们还拍。但是我没有办法说话，没有办法睁开眼睛。老师说："如果你愿意，你可以把你的烦恼说出来。"虽然是在催眠状态，但是我没有说，因为我的潜意识知道有些事不能在公共场合去说。

催眠不是失去控制，催眠是为了更好地掌控自我。

在催眠过程中，我感受到信任的力量、语言的力量。

我们和孩子之间有着天然的情感纽带。在孩子的眼里，父母是他们最信任的人。这个情感纽带为父母向孩子传递催眠指令提供了基础，同时对父母的语言表达能力有了更高的要求。

回到家中，我更加注意自己在养育过程中的语言表达。

在日常生活中，我经常给孩子积极的暗示和鼓励，让她在潜意识里相信自己有能力完成任务或克服困难。这种正面的催眠帮助孩子建立了自信，提高了自我价值感。

为了能更深入地学习催眠，我不再满足于之前的一次培训和平日里看催眠图书，我觉得我必须继续找优秀的人学习。于是，2018年我第一次参加了孔德方老师的催眠私房课（后面多次参加复训，这是后话）。在这次课程之后，我对"父母是孩子天生的催眠师"这句话有了更深的理解。

父母在孩子的成长过程中扮演着多重角色。他们不仅是孩子的教育者和指导者，也是孩子生活的照顾者和陪伴者。这就使得孩子对父母的言传身教产生了很强的依赖感，容易被父母的言行影响（催眠），所以父母在养育孩子的过程中需要谨言慎行。

我们在催眠的过程中会通过不断的重复来引导个案案主进入催眠状态，影响并改变个案案主的潜意识，从而改变他们的认知和行为。而父母在日常生活中通过重复某些话语或行为，不断地给孩子传递各种信息和价值观。这些信息和价值观在孩子的潜意识中逐渐积累并形成一定的认知模式。这便帮助孩子搭建了思维模式，书写了人生脚本，所以父母的语言表达方式和思维方式对孩子的人生影响深远。

催眠并不是一种神奇的技巧，而是需要建立在信任、尊重和理解的基础上。因此，作为天生催眠师的父母，在养育孩子的过程中，应该注意适度、合理，避免过度依赖催眠而忽略了与孩子的情感交流和沟通，避免无形中把催眠变成一种精神控制。

通过这次催眠学习，我不再肤浅地认为只有通过语言和催眠技巧才能催眠别人，我知道环境也可以催眠别人。虽然学过蒙台梭利教育后，我很注重布置家里的环境，但是我并没有意识到环境对孩子的催眠作用。这次培训之后，我更加注重营造一个温馨、安静的家庭氛围，通过环境的布置来培养孩子的习惯。

催眠中，我们帮个案案主解决已有的问题之后，会给他们进行认知的调整，以帮助他们走好未来的人生路。在孩子学习成长的过程中，我们要让孩子意识到学习的重要性和价值，帮助他们形成正确的学习观念。我们可以与孩子一起探讨学习的意义和目的，让孩子明白学习是为了自己的成长和发展，而不仅仅是为了考试或升学。这种赋予意义的清醒催眠可以帮助孩子形成积极的学习态度。

作为父母，我们可以在孩子取得好成绩时给予及时的表扬和奖励，让他们感受到自己的努力和进步被认可。同时也要在孩子遇到挫折时，给予支持和鼓励。这种肯定和鼓励的清醒催眠可以帮助孩子建立自信心，增强学习动力。

作为孩子的榜样，父母要表现出对学习的热爱和追求。通过自己的言行举止，让孩子感受到学习的重要性和价值。这种榜样示范的环境催眠可以帮助孩子更好地理解学习的意义，激发他们的学习动力。

这几次催眠学习不仅让我对养育孩子有了新的认知，也让我在日常生活和工作中更注重底层逻辑的学习，所以即便那些年我真的很忙，要工作，还要自己带两个孩子，但是我还是抽出时间继续跟随孔老师的脚步去学习催眠。

2019年暑假，我又一次走进了孔老师的课堂，长期跟着孔德方老师的团队进行各种催眠课程的学习和研发，还参加催眠图书的整理和写作。

通过几次学习，我对理论有了深入的理解。加上一次次在课堂上的练习和体验，我能很自信、很轻松地把别人带入催眠状态，并解决问题。我不再止步于家庭教育上的清醒催眠。

我一个朋友说，她全职带孩子七八年，和社会脱节了。她报名了初级会计师的考试，考了很多年都没有通过，她对自己快没有信心了。我给她做了几次催眠之后，她再次报考初级会计师，一次就通过了。

因为我的长期坚持和在朋友圈分享，朋友们的孩子遇到学业上的问题后，陆续来找我催眠。

有学生因为成绩不理想，自暴自弃。几次催眠后，成绩进步了，也更自信阳光了，更愿意参加集体活动来表现自己了。

有学生在5次催眠后，成绩从年级200多名回到了80多名。

有学生通过6次催眠，在中考中实现了自己的目标——中考成绩提升了 100 分。

有学生通过催眠,克服了多年来对数学学习的恐惧。数学成绩从 80 多分提高到了 120 多分。

……

是的,催眠帮助了我,帮助了我的孩子。我开始用催眠去帮助别人了。

小林通过一个朋友的介绍找到了我。他觉得很痛苦,从初中开始就经常会莫名头疼,越来越痛,痛到想要撞墙。这么多年,父母带他去各大医院检查过,没有查出任何器质性问题,一度怀疑他是为了不去上学找的借口。小林百口莫辩,但是长期莫名的剧烈疼痛,让他不得不求父母带他去看心理医生。可是看过五六个心理医生之后,还是没有解决问题。父母又不得不带他去看精神科,吃过医生开的安宁类药物,还是缓解不了头痛问题。小林担心药物的副作用太大,后面就自己停药了。后来,经过多方打听,小林找到了我,让我给他催眠。

因为在异地,他没有办法自己来深圳,所以只能网络催眠。网络催眠中,个人意愿起到非常关键的作用。他说在找到我之前,他了解了一些催眠的知识,自认为催眠应该会比普通的心理咨询对他帮助更大,迫切希望通过催眠来改变现状。因为他的朋友之前找我做过网络催眠,学习成绩确实有了明显的提升,所以他相信我能够帮助他。

鉴于他的个人意愿较强,且有信任基础,于是,我和他说了网络催眠和线下催眠的一些不同之处,并告知他,如果确定要做网络催眠,那么就得做一个疗程(10 次)的催眠,还需要让他的父母加我的微信来沟通此事。

他的母亲主动加我的微信,并询问了我一些关于催眠的问题。

她对我比较信任，于是我和她讲了一些非器质性的躯体化反应，可能是情绪或者创伤性事件引发的。在催眠的过程中，我们会帮助孩子去处理一些积压的情绪问题。当这些问题处理好了之后，很多躯体化反应就会消失。我给她讲述了一个孩子到校门口就呕吐的案例。这个孩子的父母带着她去市里医院多个科室检查，没有查出原因，后来去省级医院检查，也没有查出问题，最后做了 3 次催眠，找到了原因。这个孩子有一次考试没有考好，原本语文是她最拿手的科目，可是那次考试前，她有些不舒服，考试发挥失常，最后作文都没有时间写，考试成绩可想而知。父母看到成绩后并没有了解具体的情况，把她臭骂了一顿。她从刚开始的心里憋屈难过，到后面慢慢地不想去上学，最后一到校门口就吐。**找到原因后，继续做催眠，解决积压的情绪问题。**后来，孩子结束大半年的休学，顺利回到学校，成绩很快赶上来了。

　　小林母亲了解了一些情况后，与我约好每周五晚上进行催眠。第一次催眠的时候，我们做了催眠前谈话，了解了小林的头痛并不是一直都有，上初中的时候偶尔会有，上了高中之后才越发严重。我问他初中有没有发生过什么特别的事情，他说九年级的时候被班上的坏同学欺负，坐在他后桌的那个男同学总是趁着老师不注意扯他后脑勺上的头发，还踢他的脚。上厕所的时候，那个男同学也扯他的头发。同时，迫于坏同学的压力，班上 2/3 的同学孤立他。当时他找过老师，但是老师只是蜻蜓点水地提了一下，并没有真正解决问题。他也找父母寻求过帮助，可是当时父母正在闹离婚，根本没有心情管他，听到他说的情况，认为他自己小心眼，小题大做。从那以后，他开始莫名地头痛，有时候脚也会痛。

　　了解了情况后，我们开始第一次催眠。考虑到催眠深度的问题,我带着他体验了一遍 HMI 催眠的全流程,并给他强化加深了几次,同时给了他更多的力量型引导。唤醒时,小林说感觉像睡了一觉,很舒服,大脑很轻松,身体充满能量。

第二周做催眠前,我问他想要把身体里什么不想要的东西清除掉,想要让自己有什么样的情绪? 在他告诉我答案后,这一次我用了汤姆老师的催眠技术,快速地将他导入催眠状态,并做了几次加深处理。我给他做了情绪置换疗法,把他不需要的那些情绪分 3 次全部删除,并给他植入了他想要的情绪,同时做了一个"防火墙"保护装置。做完之后,小林说,感觉到前所未有的轻松。做催眠之前,自己后脑勺很痛;做完之后,疼痛感减轻了不少。

一周后,第三次催眠,他说做完第二次催眠,他平时的头痛减轻了不少,但是晚上和家人吃饭时和他上床睡觉的时候,还是会痛。

……

通过七次催眠,我和小林不仅一起解决了头痛这个躯体化问题,我还帮助小林提高了学习的专注力,提升了学习成绩。这一切得益于催眠技术的帮助,也离不开小林自己想要改变的意愿,想要不断变好的决心。催眠确实很神奇,因为你有一个神奇的潜意识大脑,催眠只是利用专业的技术,辅助你激发潜意识的潜能。隔着屏幕看着那个之前说经常头痛得想撞墙的孩子,现在开心地对着我笑,我的嘴角也止不住地上扬。

小林的催眠还会继续。

我的催眠事业也将因为孔德方老师和汤姆老师的指引而乘风破浪地继续前行。我不仅要靠催眠养育好自己的孩子,我还将带领更多的家长走近催眠。

催眠不是失去控制，催眠是为了更好地掌控自我。

科学催眠让我从
行业"小白"实现逆袭

邱 红

青少年催眠咨询师
科学催眠提分导师，特殊教育教师
国际科学催眠大师汤姆·史立福亲传弟子

亲爱的朋友们，你们心中的梦想如今实现了吗？是正扬帆起航，勇敢地在波涛中挣扎前行，还是已经品尝到了梦想实现的甜蜜果实？或许，你们的梦想在启动之初便已搁浅，那些曾经美好的憧憬，如今已被抛之脑后？现在的你们，是否正过着随波逐流、日复一日的生活，对梦想的渴望渐渐消失？

01 心怀梦想，乘风破浪

在我心中，心理咨询师就像黑暗中的明灯，为那些在痛苦和迷茫中挣扎的人照亮前行的道路，给予他们温暖和希望，让他们重新绽放出生命的光芒。**成为一名心理咨询师，是我在学生时代就怀揣着的一个梦想。**

2002 年，我从特殊师范学校毕业，踏上了特教的工作岗位。那时的我，以为自己与心理咨询师的梦想渐行渐远。然而，命运似乎总有它奇妙的安排。2009 年，学校决定创建心理咨询室，需要一名兼职心理健康教师。那一刻，我仿佛听到了内心深处的召唤，毫不犹豫地承担起了这份工作。

在特教的岗位上，我见过太多特殊儿童，他们敏感而自卑，渴望自强却缺乏内驱力。我深知他们内心的痛苦和挣扎，迫切地希望能够用自己的爱心和专业知识去帮助他们。我常常思考，到底怎么做才能重建他们的自信？怎么做才能引领他们走出负面情绪的泥潭？怎么做才能在学习上给予他们有效的指导，帮助他们获得好成绩呢？特殊的孩子们比普通人更需要心理咨询的帮助和引领，我连特殊儿童都能够引领，对于普通儿童是不是更有同理心，有更多的爱呢？特教老师也可以成为心理咨询师，谁规定心理咨询师一定要专业出身呢?

于是,我开始利用空闲时间自学,想努力考取国家心理咨询师证书。那段时间,白天工作,晚上哄孩子,几乎没什么空闲时间,但这个梦想强烈地驱动我把所有的空闲时间都投入学习中。每一次模拟考试,我都全力以赴。皇天不负苦心人,我终于拿到了国家心理咨询师证书。当我拿到证书的那一刻,心中充满了喜悦和自豪,我以为自己终于实现了梦想。

然而,当我真正投入师生的心理咨询工作时,我才发现,事情并没有我想象的那么简单。我发现自己虽然掌握了一些理论知识,但在实际操作中,常常感到有心无力。我发现很多技术停留在意识层面的说教,无法真正深入学生的内心,让他们持久地改变。这让我陷入了深深的困惑和迷茫之中。我开始怀疑自己,并且越来越深刻地认识到,专业的心理咨询师不应该是这样的,不是拿了证书就能真正地帮助来访者的。

我听说我国有心理咨询师证书的有 150 多万人,但真正从事心理咨询行业的专兼职工作的仅有 3 万至 4 万人。在这个关键的节点,我内心有个声音告诉我,我学得还不够,我还需要学习,但学什么呢?学习哪个流派呢?市场上五花八门的流派那么多,该如何抉择?我必须学一些心理咨询技术。我又一次陷入深深的迷茫中,我不知道该何去何从,不知道该怎么做才能成为名副其实的能帮助来访者的心理咨询师。

02 峰回路转,梦想筑基

带着这份困惑和对专业的执着追求,我一直在寻找一种能够真正帮助学生解决心理问题的技术。那段时间，我参加了各种心理培训，接触了各种各样的理论和方法，但始终没有找到让我满意的答案。那些五花八门的培训和收费高昂的课程，让我感到心里不踏实。我觉得自己仿佛在一片迷雾中徘徊，找不到方向。

直到有一天，在一次心理骨干培训中，我有幸听到了刘创标老师关于"科学催眠在青少年心理辅导中的应用"的讲座。当他讲到通过催眠可以实现意识和潜意识的深度沟通，从而帮助学生实现真正而持久的改变时，我心中涌起了一股难以言喻的激动和喜悦。**那一刻，我仿佛看到了黑暗中的一丝曙光。我知道，这就是我一直在寻找的技术。**

讲座结束后，我迫不及待地找到刘老师，与他进行了深入的交流。他的专业和热情深深地打动了我，也让我更加坚定了学习科学催眠的决心。通过刘老师的介绍，我了解了孔德方老师，他是一位在科学催眠领域有着深厚造诣的专家。我毫不犹豫地决定，要向孔老师学习科学催眠技术。

学习科学催眠的过程并不轻松，我需要深入了解人类的潜意识和心理机制，掌握各种催眠技巧和方法，但我心中的那份渴望和执着，让我克服了一个又一个困难。在孔老师的"模压班"中，我如饥似渴地学习着每一个知识点，不断地进行实践和练习，有一次我甚至在课堂上大胆上台，尝试催眠我们的孔老师。这次尝试得到了孔老师的高度肯定，让我在"模压班"的学习中获得了更多的信心。我学会了专业的催眠技术，但我的目的是要成为能够真正做个案、帮助来访者走出人生困境的催眠师。科学催眠如何在个案中使用呢？催眠前的谈话到底该如何谈，才能让来访者相信你能够帮助他呢？在哪个环节使用哪项技术，才能恰到好处地帮助来访者实现真正的改变呢？催眠后，我们应该如何布置相应的任务，让来访者保持每一天的进步和改变呢？接下来，我该怎么开启我的催眠师生涯呢？

03 知行合一，梦想成真

学成归来，依然挑战满满。我带着满满的热情和期待，迫不及待地想要将所学的科学催眠技术付诸实践，去帮助那些需要帮助的学生。

刚学完催眠技术不久，我就接到了一个疑难个案。那是一个炎热的夏天下午，一对母子走进了我的工作室。孩子的妈妈一脸愁苦，一见到我就不停地哭诉。孩子则戴着口罩，双手戴着手套，整个人显得局促不安，一双手无处安放。

听着孩子妈妈的介绍，我的心情变得十分沉重。这个孩子已经先后在厦门、泉州找过 4 个心理咨询师，在福州也找过一位有名的大师，但情况依然没有得到改善。孩子觉得周围的一切都很脏——路上行人说话的唾沫会溅到他身上；班上的座位很脏，男同学用抠过鼻屎的手碰他的桌子、椅子，所以他每一次都要擦洗，再用消毒水消毒，才能坐下去；洗手的时候，水龙头会被别人弄脏，所以他洗手要重复洗，一般要洗一两个小时才能停下来，洗澡更是要洗几个小时；晒在阳台上的衣服会被空气中的脏东西污染，他宁愿光着身子裹着被子。这样的情况让家人疲惫不堪，孩子也很痛恨自己，但他无法控制自己的思维，被医院诊断为中重度强迫症。医院开了治疗强迫症的药物，但孩子时不时因为情绪问题不肯配合吃药，加上他的各种强迫行为，家长苦不堪言。家长也知道除了医院的药物治疗，还需要寻找专业的心理咨询师配合治疗，才能够更快地帮助孩子走出目前的困境。

面对这样的情况，我深知传统的说教方式是无法帮助这个孩子的，我决定运用所学的科学催眠技术走进他的内心世界，与他的潜意识进行沟通。

在第一次见面时，我没有急于对孩子进行说教，而是先走进他的世界，与他同频。我当着他的面，像他一样仔细地做好卫生工作，为他准备好新买的手套、口罩、坐垫、桌布，并一一摆放整齐，让他感受到舒适和安心。然后，我开始了第一次催眠。

在催眠过程中，我运用了放松引导、暗示等技巧，逐渐引导孩子进入一种放松、专注的状态。我轻声地与他交流，让他感受到我的理解和支持。通过与他的潜意识沟通，我了解了他内心深处的恐惧和不安，以及他对干净和整洁过度追求背后的原因。第一次催眠结束后，我并没有急于让孩子离开，而是让他玩玩沙盘。让我惊喜的是，孩子毫不犹豫地玩了起来。他的母亲看到这一幕，眼中充满了惊讶和喜悦，她觉得这简直太神奇了！短短的一个小时，孩子竟然有了如此大的改变。

在接下来的日子里，我对这个孩子进行了一次又一次的催眠训练。每一次催眠，我都会根据孩子的情况调整方法和技巧，不断地深入他的内心世界，帮助他释放内心的压力和恐惧，重建自信和安全感。

随着时间的推移，孩子的情况逐渐得到了改善。他开始能够摘下口罩跟人说话，可以不戴手套跟人接触，还可以去游乐场玩游戏机。洗手的时间也缩短到了几分钟，洗澡半个小时就能出来。看到孩子的这些变化，我和他的家人都感到无比的欣慰。

一段时间后，孩子逐渐回归了正常生活。他不仅能够像其他孩子一样正常地学习和生活,还以全校第十名的好成绩考上了当地最好的高中。这个结果让我感到无比的自豪和满足,也让我更加坚信科学催眠的力量。

04 智慧汲取,梦想提升

在这个案例中,我深刻地体会到了科学催眠的神奇之处。通过与潜意识的沟通,我们可以深入了解一个人的内心世界,找到问题的根源,并针对性地进行治疗和引导。这种方法不仅能够帮助患者解决表面的问题,还能够从根本上改变他们的思维方式和行为模式,实现真正而持久的改变。在初步的尝试后,我对科学催眠更有信心了,但我一个新人,如何接到更多的个案,如何提高自己的知名度,如何树立自己在当地民众中作为专业心理人士的权威呢?怎么办?靠我自己一个一个个案地积累,不知道要等待多少年。我不甘心,很多人就是在默默无闻中消磨了心中的炙热,在平凡的生活、工作中失去了自己的梦想。如果"单打独斗",我不知道要经历多少磨难,我甚至不知道我经历磨难之后,能否再爬起来。

突然,我的脑子里出现了一个声音:找团队,找督导老师。我可以站在经验丰富的师兄师姐的肩膀上,事半功倍。对,就这么干!我找到了我们福建团队的大师兄、大师姐,他们是我们团队中做个案最多、催眠经验最丰富的催眠师。有了这个想法,我联合刘创标大师兄、李新华大师姐、资深的夏丽雪催眠师,成立了福建省科学催眠标杆团队。我们团队的初心是让科学催眠技术更加有效,更快地帮助来访者实现他们的目标。我们联合孔德方老师创办了科学催眠研习社,旨在帮助更多的新手催眠师在实践中更快地上手,获得更好的个案效果。

在我从事催眠工作的五年时间里，还有无数个案例让我印象深刻，其中有一个学生，我给他起了个化名叫作小白。小白是一名九年级学生，学习中等，性格内向。他从农村小学毕业后，来到城里上学。为了跟上城里孩子的学习进度，他刻苦努力地学习。每天他都在教室里学习一整天，回到宿舍后还要逼迫自己继续学习，甚至熬夜到凌晨两三点。在他的努力下，成绩有了一定的进步。然而，这学期以来，小白的学习状态越来越糟糕。他开始无法坐在靠走道的位置，觉得同学从身边经过会影响自己学习，他会心烦意乱。后来，他无法坐着听课，必须要站起来。再后来，他不能忍受旁边有任何同学存在，否则就无法学习。一走进教室，小白就会感到异常痛苦，频繁地调换位置让他感受到了同学异样的目光，在教室里越来越无法集中精力学习。教室令小白无比恐惧。

小白的问题是典型的学习焦虑症。由于糟糕的学习状态，他的学习成绩一路下滑。到九年级的时候，他已经几近崩溃。他无法集中注意力学习，更别提参加考试了。小白马上就要参加中考了，这样的状态让他和他的家人都感到无比焦虑。小白的家人带着他去医院做了各种检查，但身体并没有任何问题。他们也找了好几个咨询师，却都没有取得明显的效果。最后，经亲戚介绍，他们找到了我，希望我能通过催眠帮助小白。在了解了小白的情况后，我决定采用科学催眠的方法来帮助他。

在第一次催眠中，我通过放松引导和暗示，帮助小白逐渐放松身心，进入一种平静、专注的状态。在此状态下，我与他的潜意识进行了沟通，了解了他内心深处的焦虑和恐惧。我发现，小白之所以会出现学习焦虑症，一方面是因为他对自己的要求过高，过度关注学习成绩;另一方面是因为他在学习过程中遇到了一些困难和挫折,却没有及时解决,导致他的自信心受到了严重打击。针对小白的情况,我制订了一套个性化的催眠治疗方案。在每次催眠中,我都会帮助小白放松身心,缓解他的焦虑情绪,同时通过暗示和引导,帮助他重建自信,调整学习态度和方法。

经过 10 次催眠训练后,小白的情况有了明显的改善。他重新回到学校,思路顺畅,头脑清晰。后来,他考上了自己满意的高中。

学习焦虑症是许多学生在成长过程中都会遇到的问题。小白的案例让我深刻地认识到,不论是作为心理咨询师,还是作为学生的家人、老师,我们不仅要关注学生的学习成绩,更要关注他们的心理健康状况。通过科学催眠,我们可以帮助学生缓解焦虑情绪,重建自信,找到适合自己的学习方法,从而实现身心健康和学业进步的双赢。随着我在当地的知名度越来越高,越来越多的家长在孩子面临中高考时,会来找我给孩子们放松解压,利用催眠训练孩子最佳的考试状态。

在催眠过程中,我会引导学生进入一种放松、专注的状态,让他们在潜意识中模拟考试的场景。通过这种方式,学生可以在潜意识中熟悉考试的流程和氛围,减轻现实中考试时的紧张和焦虑。同时,我还会在催眠状态下,为学生提供一些积极的暗示和引导,帮助他们树立自信,发挥出自己的最佳水平。

在我接过的案例中,有很多学生通过催眠取得了显著的效果。有一个因为高考压力而长期失眠、自我内耗的孩子,恢复了正常的睡眠,最后考上了一所 211 学校;还有一个高焦虑学生,顶住高考巨大的压力,考出了高中三年来最好的成绩。

05 团队智慧，人生逆袭

团队的智慧是可以叠加的，团队的智慧让我在五年实践中实现人生的逆袭。 实践中成功的案例让我感到无比的欣慰和自豪，也让我更加坚定了继续学习和实践科学催眠的信念。我深知，每一个孩子都是独一无二的，他们都有着无限的潜力和可能性。作为催眠师，我的责任就是帮助他们挖掘自己的潜力，克服困难，实现自己的梦想。现在的学生学习时间长，学习压力巨大，怎样才能在有限的时间更快、更有效地帮助学生走出困境、重塑人生呢？我的恩师孔德方老师说："精耕自留地，余力拓荒田。"心理技术、心理学门派何其多，我们一生的精力是有限的，那么在有限的时间内学精一门技术，才能实现个人最好的发展。为了能够更好地帮助学生，我决定把科学催眠学深学透。2023 年 8 月初，我学习了美国催眠大师汤姆·史立福老师亲授的科学催眠治疗大师班的课程。在课堂上，我看到了这位为了科学催眠事业孜孜不倦探索了三十几年的催眠师，他把自己的经验倾囊相授。在课堂上，我不仅感受到了科学催眠旺盛的生命力，更感受到了肩上沉甸甸的传承责任。通过这次学习，我对科学催眠有了更深入的理解和认识。近两年，我用汤姆老师的科学催眠技术打开了一个又一个青少年封闭的内心，给我的来访者重建了学习、生活的信心。通过运用科学催眠技术，我在当地树立了个人品牌。2024 年暑假，我相继走进各个县市，向新教师传授给学生做心理辅导的策略。9 月初，我在南平市教科院为我们当地的专业心理老师做关于科学催眠技术在青少年辅导中的应用的讲座，每一场讲座都获得了老师们的高度肯定。如今，我已经成为福建省心理咨询师协会的中高考压力化解专委会的副主任,是南平市心理卫生协会的常务理事,更是一名帮助学生重塑思维的催眠师。回首过去,我感到无比庆幸和自豪。我所做的一切,都是为了帮助他人,同时为了实现自己的价值。我相信科学催眠的力量,也相信未来的无限可能。

在未来的日子里,我会继续前行,用专业知识和技能为更多的人带来帮助和改变,希望能够让更多的孩子因催眠而受益,让更多的家庭因催眠而幸福。这是我的责任,也是我的使命,我将为之努力奋斗,永不放弃。

通过与潜意识的沟通，我们可以深入了解一个人的内心世界，找到问题的根源，并针对性地进行治疗和引导。

学习催眠，为人生提分

郭雅杰

催眠师AI变现教练
天津渤海医院心理门诊青少年心理咨询师
国际科学催眠大师汤姆·史立福亲传弟子

我一直觉得我是被上帝眷顾的幸运儿。有爱我的父母，在我眼中，我的父母无所不能，可以为我挡风遮雨。我的小学成绩一路领先，考入了天津当时最好的初中。虽然初中、高中学业成绩比较一般，但是也顺利考上了理想的大学，任性地选择了一个自己感兴趣的专业。在大学毕业开始找工作的时候，我本着初生牛犊不怕虎的精神，投了很多简历，但在那个本科生还不是那么普及的年代，依然撞得头破血流。

我开始怀疑自己，我觉得是我的能力不够，是我的学历还不够高，抱怨父母只是普通人，没有办法帮我安排好的工作。当时的我有了出国留学的念头，现在看来不过是对现实的逃避。

好在后来我进入了一家上市公司做人力资源专员，我以为我终于要走上正确的职业道路了，可惜刚入职不久，我就怀了宝宝，这份工作在我休完产假后画上了句号。接着，我走上了创业之路。我一直觉得我是一个不怎么上进的创业者，因为我不想错过孩子成长的关键时刻，所以试图去找到事业和家庭的平衡点，想要左手事业成功，右手家庭幸福，赚钱和家庭两手都要抓，两手都要硬！**事实证明，基本没有人可以无痛成长。我们都是人生大海中的一叶扁舟，都会经历大风大浪。**为了发展物流业务，父母为我抵押了他们的房产，我们买了 13 米的半挂运输车辆，租了库房。当时库房前半人高的野草，都是我们自己用打草机、镰刀一块一块地收拾出来的。

实体创业最大的风险就是预算与实际支出不符。当时本来不想修葺库房的房顶，但是没想到房顶坍塌了，只能拿出好几万元进行修葺。里里外外投入了上百万元，我才可以说正式开始了创业。这还是在我们已经有客户的前提下，如果从零开始，那艰难更是无法想象！所以，在大众创新、万众创业的现在，我依然劝身边的人谨慎选择创业，尤其是启动成本很高的实体创业。相关数据显示，我国中小企业平均寿命仅为 2.5 年，60% 以上的企业都活不过 1 年。值得庆幸的是，我的企业已经持续经营 13 年，至少我现在还站在赛场上。

创业之路真的太苦了。我在扩张时其实已经错过了国内运输行业最好做的阶段，市场上已经是车多货少，运费被压得比成本高不了多少，而且每天还要应付各种难题。为了节省成本，我父亲当时快 60 岁了，也去帮我送货。货车高 4 米，每次看到父亲爬上爬下，我心里都充满了无奈和不忍。

我顶着看似光鲜的老板身份，背地里是内勤、客服、装卸工，哪里需要去哪里。我曾为客户向京东和亚马逊运输进口尿不湿，当时甚至连我不到 2 岁的儿子都在集装箱里帮忙推尿不湿。有一次，我白天卸完货，晚上跟着老公去北京给客户送货。当晚我记得特别清楚，那是我第一次在冬天看到团雾，就像突然钻进一个棉花糖里，能见度只有几米，我们在马路对面都看不到送货厂子的灯牌，我老公只能下车跑到马路对面去看。好不容易半夜送完货，在等红绿灯的时候，他就趴在方向盘上睡着了。

当然辛苦的工作也会换来财富上的回报，但是我真的觉得付出和回报是不成正比的，因为只要做生意，你就会面对各种预料不到的风险，我们丢过货、翻过车、养过鸡、铲过屎，而在我被生意裹挟着不断前行的时候，孩子也悄悄长大了。

虽然说因为是自己家的公司，我可以经常把儿子带在身边，但因为每天要处理的事务太多，我根本没有耐心去照顾一个几岁娃娃的情绪。我甚至在他 2 岁多的时候，就把他送到幼儿园的托班，每晚忙完回到家之后，我累得一个字都不愿意多说。我就像一个焦虑的陀螺，每天周旋在各种事务之间，到家真的只想自己安静一下，放松下来。那时儿子每天都要面对一个喜怒无常的妈妈，我的情绪完全被工作左右——今天工作一切顺利，我就和颜悦色，有求必应；明天工作问题重重，我就大喊大叫，暴跳如雷。在孩子上幼儿园小班的时候，有一天班主任老师特意将我叫到学校，建议我带孩子去查一下情商，然后列举了孩子在学校跟别的孩子不一样的、比较怪异的行为、习惯等。当时，我真的开始反思：我创业的目的到底是什么？看似每天都陪在孩子身边的我，有没有尽到作为母亲的责任？工作和家庭，我有没有做到真的平衡？

忙碌蒙蔽了我的双眼，感谢孩子给了我当头棒喝！我知道钱是有很多机会赚的，但是孩子的成长错过了，就再也没有机会重来了！于是我毅然卖掉了所有的大货车，只留下中转提货用的小车，维护好几个大客户，我要重新安排自己的时间，陪伴孩子长大。

2019年，我因为孔德方老师发的一条催眠提升孩子专注力的朋友圈，走进了孔老师的科学催眠"模压班"，想通过学习催眠，帮助孩子提升专注力，提高学习成绩，让他重新成为一个好学生，也希望未来他的人生能够走得更顺。

在2019年的"模压班"，我学会了催眠技术，但是由于之前没有任何心理学基础，完全是跨行业学习，我一开始只关注流程的学习，对于催眠原理和落地应用是完全没有头绪的。我觉得我深入理解催眠，是从听了孔老师开设的"清醒催眠"课程开始的。在听孔老师的课前，我遭遇了人生的至暗时刻，被资金盘骗了大几十万元，套光了所有的信用卡，不敢跟父母说，跟老公的关系变得非常紧张，他经常抱怨我因为相信朋友而上当受骗，贪心加杠杆，就想一夜暴富。创业再难的时候，我都没失眠过，但是当知道钱拿不回来的时候，我整晚睡不着觉。

在此过程中，我耳闻目睹了身边大批跟我一样的老板，陷入一个又一个相似的骗局，倾家荡产。因为创业的过程真的太艰辛了，哪个老板不想一次赚完养老钱，然后安度晚年？但是，你看中了人家的利息，人家看中的可是你的本金。学习了清醒催眠后，我看清了这些人的套路，他们利用的就是人性的贪婪和恐惧，不断从你的口袋里把你的钱掏走。后来我也遇到过类似的骗局，但是学习过催眠的我，会冷静地分析他们的行为、他们的语言。骗子利用巨大的利益吸引你，不断用案例影响你，然后不断地承诺与保证，只要你踏进他们的圈套，他们就有无数的招数来对付你，而此时的你已经丧失了分析和思考能力。我老公后来经常说，你要是早点去学习催眠，咱家能省下多少钱啊！所以，我真的感谢孔老师！其实生活中催眠无处不在，当我们被他人的言语影响并行动的时候，就是被催眠的时候。**掌握了催眠的底层逻辑，才发现根本不用催眠技术、催眠流程，你就可能会被人家牵着鼻子走了！**

经过 5 年的不断学习，我从学习 HMI 催眠技术到成为家庭教育指导师，再到学习汤姆·史立福老师的科学催眠治疗大师班的课程，我觉得自己真正在跨行业地学习、发展，并且把自己的所学变现，也实现了我事业的转型。我参与了天津市政府很多心理相关的工作，如去小学为孩子们做一对一的心理服务，去社区等为大家做心理讲座。在不断学习的过程中，我自己控制和管理情绪的能力显著提升，在决策时，再也不会因为焦虑、担心等各种负面情绪的影响而决策失误，使我们公司平稳度过疫情三年，生意越来越好。家庭更加和谐，我老公现在逢人就讲，我学习催眠之后，家庭幸福指数直线上升。没有了以前的嚣张跋扈，没有了以前的心高气傲，跟孩子的关系也非常好。儿子现在经常会跑过来,抱着我,在我的脸颊上亲一口,说:"有你做我的妈妈,真好!"这句话带给我的快乐,是我赚多少钱都无法换来的!

最近两年,我利用催眠帮助了很多孩子,提升自信,改变了厌学偏科的情况。有一个五年级的孩子,本来缺乏自信,觉得自己没有优点,但是仅用半个小时的聊天赋能、清醒催眠,我就将自信植入孩子的潜意识。这学期再来到咨询室,她当上了班里的宣传委员,学习成绩也进步了不少!看着孩子脸上灿烂的笑容,我感受到了心理工作的巨大价值。

还有一个高中一年级的孩子,通过十次咨询,期末考试排名提升了 100 多名,在没有任何课外补习的情况下,数学成绩从 60 多分提高到了 85 分,作文也获得了东莞市的一等奖。看着孩子日渐开朗,看着孩子慢慢找回自信,从刚开始咨询时的面无表情到十次咨询后的侃侃而谈,孩子父母不断地跟我沟通报喜,我十分高兴。之前他跟父母的关系非常紧张,回家都不愿意跟爸爸说一句话,现在回家竟然会跟爸爸开上几句玩笑。看着这个家庭一点点的变化,我真的觉得心理工作意义重大!

催眠,可以提升孩子的专注力,调整他们的情绪,对孩子的帮助是巨大的。其实,**我在学习催眠后,首先获益的是自己!**无论是公司的经营,还是市场风险投资的分析,无论是家庭关系的处理,还是与孩子的相处,催眠都给了我很大的助力!甚至在现在经济环境不太好、主业经营进入瓶颈期的时候,能够给我带来一份不错的收入。这种充实感、安全感不是用金钱可以衡量的!我再也不用担心万一生意经营不下去,未来的出路在哪里了!

　　如果您跟我一样，也是一位事业女性，也为工作和家庭的平衡点而发愁，如果您跟我一样，站在事业的转折点上，不知该往何处走，如果您跟我一样，体会了创业的艰辛，想要保护好辛苦赚来的钱，**希望我的这些分享，可以给您带来价值和启发。**

催眠，可以提升孩子的专注力，调整他们的情绪，对孩子的帮助是巨大的。

真正让我改变的只有催眠

王学青

科学催眠心理赋能导师
中学物理教师
国际科学催眠大师汤姆·史立福亲传弟子

我从 2022 年 10 月开始催眠的学习，在朋友圈不时会分享一些催眠的内容，很多亲人朋友非常惊讶，问我怎么突然就对催眠感兴趣了。世间没有无缘无故的事情，其实我在小学快毕业的时候，就意识到自己有非常多的问题：我不喜欢自己，自卑，敏感，胆小，难看，内向，社恐……我留心观察身边的小伙伴，努力记着他们自信、开朗、豁达、外向、热情的样子，希望自己能像他们一样，活得自在。我想改变，想变成看起来像他们一样的人，但是改变谈何容易。**意识要改变，潜意识里存储的内容却很难改变。**在没有变化的人际圈中，如果我突然改变，我怕引来大家异样的目光，所以我抓住每一次社交环境的改变，如小学升初中、初中升高中、高中升大学、大学毕业后进入工作单位，我都努力去改变，但真正的改变很难，直到我发现了催眠技术。

小学时，因为我爸妈在离茶场总场最远的一个区（四区）工作，离场里的子弟学校非常远，我就到附近的小学去上学，路上要经过农民的果蔬地。放学的时候，那些大孩子就去偷橘子、柚子、地瓜、甘蔗，甚至萝卜。当被发现时，他们跑得非常快，我胆子小，所以没偷，但我跑不快，最后被抓到的都是我。恐惧使得我很怕去读书，也许父母发现了我的恐惧，后来我被寄养在奶奶家，在我们茶场的子弟学校上学。茶场领导的孩子，优越感是满满的，一般工人的孩子也开朗、自信，唯独我非常的自卑。我的朋友非常少，在班上，我就跟同学们最不愿搭理的周边农民的孩子中最自卑内向的一个玩得比较好。在奶奶家，我在跟邻居的小伙伴们玩时，也是最受欺负的那个。奶奶家还有一个姑姑，比我大五六岁，因为奶奶只有她一个女儿，所以爷爷奶奶对她极尽娇宠，她的五个哥哥也都宠着她，我在奶奶家就成了她欺负的对象。好吃的东西，需要她来分配，那种飞扬跋扈、施舍的语气和表情，我至今都忘不掉。她敞开肚皮吃到撑，安排我干各种各样的活，她站在边上看着，俨然一个小监工。印象最深的是大冬天用冷水洗厅堂的壁板，因为要把刷子举得很高去刷，有时还要站在凳子上，水沿着袖子流到身上，衣服湿了，鞋子湿了，全身都冰透了。她一个人住楼下一个房间，睡一张床，我和妹妹睡在楼上。在农村那种老屋的阁楼上，与我们房间一板之隔摆着两副棺材，白天都心里毛毛的，每天晚上上楼去睡觉，我都会吓破胆。房间唯一的一个小窗是一整块木板做的，关着也怕，开着也怕。房间里面有一个套间，黑乎乎的，常年锁着。半夜应该是狗在外面的木楼梯上走，发出像人走路的声响，窗户上像人头的黑影应该是邻居家的猫站在窗台上，我那该死的想象力让我害怕得晚上基本没睡，有尿也不敢起床，忍不住了就尿床。好多时候，妹妹成了我的替罪羊，大人都说是妹妹尿的床。我尿床时，非常害怕被奶奶骂，于是躺在尿床的位置，希望能用自己的体温把它烘干，所以我的身体一度很差。很小，我就体会到寄人篱下的感觉，也体验到深深的恐惧。**这都形成了我的人生脚本，储存在我的潜意识里，影响着我的一生。**

我爸为了能让我到一中读初中，在我小学快毕业时，把我转到一个可以直接升入一中的小学。到了一中，所有的同学都是新同学（我的小学同学都留在了子弟学校的初中部，或者去了二中），我意识到没人知道以前的我是什么样的，我可以变得更开朗、更自信一点，哪怕是照着那些开朗自信的同学的样子去演，但改变真的很难，我仍然只敢主动跟像我一样自卑内向的小伙伴交朋友。

我的成绩很好，很多同学主动跟我交朋友。我的英语发音非常标准（暑假时，我妈让一个下放到我们茶场改造的英语翻译辅导过我），老师夸我的美式发音很不错。我的数学非常好，一到考试，好多人给我扔纸条，让我告诉他们大题的答案。我的音乐也非常好，会把简谱翻成五线谱，或把五线谱翻成简谱，每次都是全班第一。到期末考试时，老师要求四人一小组用手打节拍唱一段乐谱，大家都争着跟我一组。到了九年级，我的化学、物理非常好，让我在学习上找到了自信，也收获了更多的友谊。到了高中，只有一个初中的男同学跟我同班，我不断地提醒自己，我要变得更自信。在高中，我的理科优势越来越突出，化学经常考第一，物理、数学都是考前几名。因为化学成绩好，我当了化学课代表，老师在讲台上做演示实验，经常让我上去帮忙，我还经常出入办公室和老师的家里去送作业本、取作业本，我感觉我已经成了自己眼中优秀的人了，自信、开朗、热情、友好，是同学羡慕的对象。但这只是表象，我潜意识里深刻地记着我的自卑，因为高考英语和政治考得非常不好，我只能报考师范大学。

在大学，我想再进行一次更好的改变。新生自我介绍时，我强按心头的紧张，努力地保持镇定，介绍完自己，还介绍了武夷山的风景、武夷山的大红袍茶叶，因此，辅导员选我当了宣传委员。在大学期间，我组织主持的班级新生晚会给同学们留下了深刻的印象。我的美术功底被系学生会主席发现，他邀请我加入系学生会。参加很多次系学生会的活动后，我感觉自己的美术能力没有得到发挥，都是做一些无足轻重的事，跟系学生会的那些学长也聊不到一块，融入不了他们。待在那样一个组织中，我更不自在，更自卑，慢慢地，我就不再去参加系学生会的活动了。**很多改变其实是表面上的，我努力地克服人生脚本对我的限制，表面上看起来很自信，但实际上骨子里还是自卑、敏感、胆小。**

后来工作了，结婚了，发生好多不顺利的事，我觉得是我的性格影响了我的人际关系、择偶观,我希望自己能有所改变,因为我发现这已经影响到我的孩子了。后来我关注心理方面的文章,不断地做着调整。当我知道"原生家庭"这个概念时,我开始回顾原生家庭对我的影响:我很少待在父母的身边,记事后顶多就只有完整的两年待在父母身边。在我大约两岁时,我的大妹妹出生了,我就被送到奶奶家去了。在我大约四岁时,我的小妹妹出生了,我就被送到外婆家去了。我直到七岁才回到父母的身边读书,两年后我又去我奶奶家那边读书,后来就只有寒暑假才回去。在我记忆中,父母给我的爱是非常少的,因为童年在奶奶家有一种寄人篱下的感觉,以至于我形成了讨好型人格。寒暑假回到父母家里,极力表现出一副勤劳乖巧的样子。事做得越多,错的概率也越大,被骂的情况也就越多,我一度怀疑妈妈不爱我。我每周都会带一些萝卜干和其他咸菜去学校。有一个周末,我回到家里,发现妈妈买了很多菜,有豆芽、鱼以及其他的菜。看到这些菜的一瞬间,我感觉非常幸福,觉得妈妈是爱我的,考虑到我一个星期只吃咸菜,想给我改善伙食。可是周六的晚上,妈妈没有煮这些菜,周日的中午也没有煮。周日吃完午饭后,我被妈妈骂了非常久,因为早上煮饭时,妈妈临时让我加米,那天来家里抓鱼的老板要在我家里吃早饭,我加了米,但是水加得不够,导致饭就有点糊了。长久以来的委屈一下子涌上我心头,每个周末回来,我都抢着干家务,把家里能干的事情都干完才去学校,可是妈妈没有看到我做的其他的事情,只看到我没做好的事情,而且那些菜也不是为我准备的,妈妈根本就不在乎我天天吃咸菜。我后来分析,是因为我极度缺爱,才没有安全感。**我的童年是缺爱的,以至于大学毕业了,我都还在"抢"爱,还在为妈妈每次对我的忽视而伤心、难过。**

我学习"心灵银行"时，知道了"人生脚本"这个词语。我回想起小时候在外婆家发生的一件事情，它应该在我的潜意识的人生脚本上留下了浓重的一笔，也为我的胆小写下了第一笔。当时不知道是因为什么事，有人骂了我或打了我，我非常委屈无助，躲在大门前面的一个平台上的草垛里待了一个晚上。我透过草垛往外看，好多人举着火把叫我的名字，我始终没出来，真不知道那么小的我是怎么度过那个晚上的，现在记不起来了，只记得有这么一件事。对于后来的怕黑和胆小，这件事的影响应该是不小的。直到我上了高中，我偶尔还会梦见窗外有很多人举着火把经过，声音很大、很吵，火光通红，映着我的窗户。早上醒来，我甚至不知道是真有人经过还是做梦，因为我住在一楼，我窗户外面就是一条大路，以前家里穷，连窗帘都没有。

我爸对我的一些做法也影响了我。大概是在小学三四年级，有次期末考试，我没有考好，我爸让我跪在门口。当时我们住那种长排宿舍，长排宿舍的前面有一条走廊，我就跪在那个走廊上。我爸打我，周围的邻居都来劝我爸，我感觉自己真的好丢脸。上小学五年级时，我家里买了一台三用机，我大妹妹唱歌比较好听，我爸经常给她录音，我也非常想录。我想了好久，鼓起勇气跟我爸说："我也想录。"我爸说："你唱歌那么难听，不要录。"我继续低声下气地求他，我说："我唱歌不好听，我能念一首古诗吗？"这个要求也被他回绝了。我爸还经常在不经意间说我长得像我妈，难看。**我的自信真的是被我爸一点点地撕碎的，拼成了自卑。**

在我更早的记忆中，妈妈让我带着两个妹妹去找爸爸，希望打麻将的爸爸能早一些回来。我脑海中经常浮现的一个画面是：爸爸一手抱着小妹妹，一手牵着大妹妹，在前面快步地走，我在后面快步地跟着，感觉恐惧和黑暗包围着我。后来我大一些了，我爸在很远的自留地耕作，我妈让我送点心去。离场区越来越远，在两边高高的茶树中间有一条笔直的道路，路上只有我一个人，安静得都能听到我脚步声的回声，我感觉后边有一个人跟着我，我真想撒腿就跑，可是我的两手端着一个杯子，只能硬着头皮往前走，那种恐惧的感觉真的占满了我的脑子。小学三年，我又在奶奶的阁楼上经历了各种恐惧，以至于我成年后直到 2023 年都还非常怕黑。我曾经在中央电视台看到一档催眠节目，催眠一个童年缺爱的女孩，让她回到童年时期去感受父爱。**当女孩被唤醒时，从她感动的眼泪中，我能感觉到她的创伤被治愈，她拥有了爱的力量，从此我就开始留心有关催眠的学习。**

2022 年国庆，同事邀我参加李新华师姐的家庭催眠师课程的学习，后来我又师从孔德方老师、汤姆·史立福老师，学习了世界顶尖的科学催眠。在同学对练中，我们很多练习是给同学植入自信的脚本。郑师兄给我催眠时，移除我的胆小怕黑的人生脚本，在当时似乎没什么感觉，但是这几个月以来，我已经明显感觉到我没有那么怕黑了。原来我丈夫出差或者上夜班，我都非常害怕，晚上不敢关灯睡，那时候儿子还在家。现在儿子去外面读书了，我一个人在家，也敢关灯睡觉了，而且感觉不那么怕了，也更自信了。

学习催眠后，我给班上的学生做集体催眠放松，学生很享受，反馈催眠后脑子更清晰、思维更敏锐。在集体疗养时，我给严重失眠、要吃安眠药才能入睡的同事催眠了几次，她的睡眠改善了很多，已经不吃安眠药了。在催眠学习中，我知道了，潜意识的力量比意识大很多倍；我理解了，我们很多创伤都记录在潜意识的人生脚本当中，仅靠意识是无法彻底改变的；我亲眼见证了，催眠的疗愈效果比其他心理咨询技术要快、要好。于是,我想成为一名催眠治疗师,帮助更多像我这样需要正向改变的人,去除原生家庭对潜意识的负面影响,让更多的家庭成为帮助孩子正向发展的原生家庭,在助人过程中找到自己的价值。

学习催眠后，我给班上的学生做集体催眠放松，学生很享受，反馈催眠后脑子更清晰、思维更敏锐。

人生就是一场催眠

李怀春

国家二级心理咨询师
中国家庭教育学会心理教育专委会理事
国际科学催眠大师汤姆·史立福亲传弟子

　　我出生在一个普通的农民家庭，家里有 10 口人，只有父亲 1 个劳力。"劳力"这个词，也许我女儿这一辈就不懂了——就是能参加生产队的集体劳动，挣工分，换粮食，养家的人。妈妈体弱多病，尤其糟心的是她除了气管炎之外，还有癫痫。她大约半个月犯一次癫痫，犯一次一个星期都缓不过劲儿来。我的童年就是一次又一次跪在口吐白沫、抽搐的妈妈身边度过的。每次妈妈犯病，姐姐和两个弟弟就吓得哇哇大哭，躲得远远的。

　　父亲是生产队的果树技术员，在我 10 岁那年秋天，生产队的果树结的果子将要成熟的时候，他每天夜里都要去看苹果，那天正赶上妈妈犯病，父亲必须照顾妈妈，我就替父亲去看苹果。太阳落山以后，我从家里出来，步行 3 千米，来到生产队的果山附近。天黑了，我有些害怕，不敢直接上山，就在路口等邻近生产队一起看苹果的老头。天越来越黑，萤火虫飞来飞去，等了好久，还是没有等到那老头，我只好硬着头皮一个人上山——夜里栖身的小棚子在山头上。我一个人飞快地走，紧张得头皮发麻，耳朵听不到外界的任何声音。我回头向山下坟场望了一下，立刻全身发麻，毛发竖起——坟地里，一个像电影里幽灵一样的白影向我飘来，我尖叫一声，然后拼命沿山路向下跑，跑到五六百米外当时公社的农场里。从第二天早晨开始，我昏迷不醒，高烧不退，醒来的时候，已经是第三天了。此后六年多，我都在受折磨，几乎每一个晚上，我都从噩梦中惊醒。我患上严重的恐惧症、严重的神经衰弱，每一个晚上都做着连续剧一样的、几乎同样主题的噩梦——被追杀、被吞噬、坠落或者在阴暗无光的地洞里煎熬，以至于我读初中的三年，每个晚上都不敢出宿舍，每一天，几乎没有例外地头痛欲裂。

　　被头痛煎熬，被噩梦折磨，被亲朋歧视，我随时都可能崩溃。

也许是再也无法承受这种压力,也许是命运中真有一股力量,也许我不甘心在这样的惨状中生存,在我 16 岁那年的春天,我竟然靠一个梦,或者说,靠梦境中的一个念头,治愈了自己。这个梦境,让我下定决心掌控自己的命运。当年中考,我一下子从班级的中等生考进了全县前 20 名。

三年师范生活结束后,我当老师了。那时候,我就相信,我就是一个好老师。我的这个信念让我确实每日为成为一个好老师而努力。2004 年暑假,我当了我们家乡那所中学的校长,而且带领这所学校从全县垫底攀升到了全县巅峰。在县城工作的 12 年里,我一路获得了亮眼的成绩。

2016 年是我人生中具有戏剧性的一年。这一年,我在网上看到一个消息:孔德方老师开培训班,培训催眠。我本来压根不信催眠,但孔德方老师的文案太吸引人了,而且承诺一年之内学不会全额退款,所以我毫不犹豫地向这个陌生人转了报名费。就是这个培训班,让我的人生发生了巨大的变化。

我从 2011 年开始学心理学,2015 年就开始收费咨询。2016 年的催眠课,让我产生了近乎膨胀的感觉,我觉得自己一下子成了市里最好的心理咨询师。2018 年,我甚至觉得自己是本市最好的催眠师。

说到这里,我要强调一下:**2016 年之前,我摆脱凄惨的状况,是靠内心的一种信念;2016 年后,我开启惬意的人生,是因为催眠。**

我不仅能干自己喜欢的事,去帮助别人,而且业余时间小有收益,每个月的业余收益都要高于工资。我不仅每天在开心快乐中度过,还通过催眠帮助小女儿,她最终通过努力考上一所 985 大学,小女儿后来还去伦敦大学学院留学,并鼓励大女儿读了西北师范大学心理学在职研究生。

作为老师，我深知每个家长都希望孩子优秀，作为我孩子的父亲，我也一样。我的大女儿很聪明，上小学一年级的时候，简直像神童一般，她口算进位加法，她妈妈要用计算器才跟得上她。遗憾的是，我们忙于工作，没有认真学习怎么带孩子，加上怀着各种期待，初中时把她送进了私立学校，最后，我的大女儿在迁安一中复读一年，只上了专科，现在当幼儿老师。我一直觉得对不起她，好好的一个孩子，被我耽误了。

我一直想找一个快速帮助家长和孩子的办法，跟孔德方老师学催眠让我看到了希望，也找到了方法。

就在跟孔老师学完科学催眠的第二年春天，我清楚地记得是2017年3月29日，我遇到了收费咨询以来第一个困难的案例。我在青龙一中工作时的同事介绍过来母女二人，孩子的妈妈一脸愁苦和无奈，孩子则是一脸毫不在乎的表情，她们来到咨询室坐下。孩子妈妈说，她已经在北京先后找过11个心理咨询师，在秦皇岛也找过一个有名的大师，但孩子仍然是现在这个样子，有9个月没去学校了。孩子每天晚上下决心去学校好好学习，第二天早晨就是不起床，起床之后也不知道干什么。我问孩子每天在家里都干什么，孩子跟我说："不干什么啊，每天靠椅子上一愣神，三四个小时就过去了。"大概是见咨询师多了，这个19岁220斤的女孩笑嘻嘻的，跟我大谈自己的传奇经历，说自己要是参加高考，差不多能考清华、北大，还说她的高中老师是心理学研究生，言外之意是："牛人我见多了，我也很牛，你不行。"

以我咨询师加催眠师的眼光和嗅觉，我窥到了孩子的空虚，在一小时的深度倾听（其实我没有办法不听，因为她一直在说）后，我说："我跟他们不一样。"在她叹息着说完"你确实不一样"之后，我们结束了第一次咨询。

第二次，她自己来咨询室了，她妈妈没进来，在外面等她。我告诉她，人生就是一场催眠。我们现在的样子，就是过去他人催眠的结果。我告诉她，催眠很安全，也很高效。应该是第一次见面全心倾听的原因，她对我的话深信不疑。四次催眠后，我告诉孩子妈妈可以结束了。妈妈不信，又做了三次，才结束了这轮咨询。

孩子返校了，尽管很久没有去学校，她的高考成绩还是超过了本科线。

2018年3月底，我接待了秦皇岛一中的一个高三复读生。当时孩子妈妈带孩子来找我，说孩子2017年高考考了400分，只好复读。2018年3月模拟考时，还是400分。孩子妈妈是我单位同事，她带孩子到我咨询室，一脸的愤怒和沮丧，孩子一副懒洋洋的样子，别着脸，下巴微抬。我让他们坐下，他妈妈就开始唠叨，说孩子不学习，也不听话，天天这德性。我让孩子妈妈离开咨询室，我知道这个年龄的孩子，尤其不爱学习的孩子，都玩游戏，于是我问他："你玩游戏吗？"他说："玩。"我就讲起我从2004年开始玩游戏，而且几乎有上瘾的势头。话匣子打开后，我慢慢聊到心里的小想法就像电脑里的垃圾一样，只要清理掉了，大脑运转就快，成绩也会直线上升。他半信半疑地问我是不是真有办法，我肯定地告诉他："我是科学催眠师，只要你想解决，我就有办法。"然后，我按照流程给他做了一次催眠。半个月后，他妈妈反馈孩子状态挺好，又带孩子来做了一次催眠。这个时候，已经是4月中旬了。从第一次催眠到高考不足70天，这个孩子的成绩居然提高了100多分，在高考中考了529分。

2019年5月13日，一个家长带着读高三的儿子来找我，说孩子在学校看见教室就难受，已经很久不上学了，而且三模、四模都没参加。我试着让孩子放松,他不会,我就让孩子绷紧身体,刚一绷紧,孩子瞬间大腿抽筋,动不了了。我抓住孩子脚腕,在大腿上拍打几下,让孩子放松下来,然后在连续 7 天里做了 6 次催眠,这时候离高考就剩十几天了。后来,孩子返回学校,能正常上学了,高考考了583 分,上了山西财经大学,大一时凭年级第一的成绩转到了财大最好的专业。我从孩子父亲那里知道,高三后半年,孩子基本没上学,先在某心理医院住院,做森田训练,又在沈阳一个咨询室做咨询,最后在秦皇岛某心理大师那里做咨询,都没有解决问题,最后不得已才来找我。孩子父亲说,多亏我做的 6 次催眠,否则这个孩子可能根本没有办法参加高考。

广泛地宣传催眠,让更多的孩子因催眠而受益,是我们催眠师的责任,更是我们科学催眠团队的使命。我们懂得孩子为什么会是现在的样子,懂得每一天每一件事都潜移默化地对孩子产生了影响。

学会催眠,去影响孩子,影响比要求更有意义。学会催眠,会让孩子的人生更精彩。

广泛地宣传催眠，让更多的孩子因催眠而受益，是我们催眠师的责任，更是我们科学催眠团队的使命。

我的济世之路：科学催眠+中医导引+中医药

叶 霖

心理学副教授，中医执业医师，中级心理治疗师
用"脑科学+科学催眠+中医药"综合治疗身心疾病
国际科学催眠大师汤姆·史立福亲传弟子

01 导语

你的孩子有没有跟你说过这些话？"妈妈，我头疼。""妈妈，我晚上睡不着，白天头好晕。""妈妈，我上午考试前又拉肚子了。"……你听到了这些，会是什么反应？

我这里来访的家长，在看我的专家门诊之前，都带着孩子奔波在各大医院，从生化检查到核磁共振，最后的检查结果都显示：孩子没有病。然后有些家长开始怀疑、指责孩子："你是不是装的？什么问题都没有！"孩子的痛苦是确实存在的，但是生理检查没有问题，于是父母不理解甚至指责，孩子孤立无援，在学校感到学不进、记不住、不会用，最后丧失信心，停学在家……这时候父母才意识到问题的严重性，带孩子来看我的门诊。

这种情况，是我遇到最多的。

02 认识我：我是一名学者型专家

我是叶霖老师，一名深耕在心理学领域的探索者，某一本院校心理系副教授、硕士生导师，一名中医执业医师、中级心理治疗师、国家二级心理咨询师，以及美国临床催眠委员会（USBCH）认证的科学催眠治疗师。这些身份是我二十多年来潜心于学术研究与临床探索的成果，也是我高效实施中小学生心理健康与催眠治疗的保证。

我的学术生涯始于安徽中医药大学临床医学。在那里，我深受中医学的熏陶，逐渐领悟到中医理念中"身心合一"的深刻内涵。随后，我进入北京师范大学苦读三年，专攻教育与发展心理学，系统全面地学习了心理学的理论与方法。

我出身于一个四代中医世家，家族的传承与信仰让我对中医学有着深厚的感情。我深知，中医学中蕴含着丰富且有独特效果的心理治疗元素，尤其是中医导引术，对于调节身心、舒缓压力具有显著效果。作为一位跨学科专家型学者，我明确了自己的研究方向——中医学＋心理学，期冀探索一条具有中国特色、适合中国人的心理治疗之路。

2018 年，我走进中国科学技术大学，开始了高级访问学者的学习，师从博士生导师张效初教授，深入研究了脑科学与心理学的交叉领域，令我视野大开。

由于催眠治疗作为一种独特有效的心理干预手段，具有巨大的社会需求和服务价值，于是，我又将催眠治疗作为自己的主攻方向，开始了漫长的、沉浸式的探索之旅。

在学习催眠的旅途中，我学习过国内外多种流派的理论，但总感觉不能很好地解决临床问题，所以，我不断向外探索，直到遇到科学催眠，我终于停下自己寻找的步伐，跟随世界著名的催眠大师汤姆·史立福和孔德方老师，开启我职业技能的学习。

人的心理是非常微妙而复杂的，心理问题往往与生理紧密关联，因此心理治疗非单一学科的治疗就能奏效的，需要多个学科联合"会诊"。为此，我付出了多年的心血，业内不少朋友说我是学者中的专家、专家中的学者。

03 科学催眠＋中医导引＋中医药的临床应用

我是所在大学专设的心理特需门诊专家，我门诊的个案可以总结为"疑难杂症"，就是敏感多疑、确诊困难、症状复杂且严重，又"查无实据"。

有些孩子因为头疼、失眠、注意力不集中，总在抱怨，整个人看上去很疲惫衰弱，没有精神；有些孩子总感觉胃胀胃疼、常常打嗝，喜欢叹气，总感觉咽喉部有堵塞感；有些孩子描述一到考试就感觉心慌、胸闷、恐惧，甚至浑身发抖；还有孩子上周头疼，昨天背疼，今天又胸痛……这些是典型的心理问题的躯体化表现。很多家长带着孩子在各大医院就诊，最后检查结果都正常，有些家长就会指责孩子，甚至说孩子装病。

印象最深刻的是一位高三学生，来门诊时，主诉头疼和睡眠差，还有心里莫名其妙地烦躁。他妈妈和爸爸带他在当地的三甲医院做了相关的检查，检查结果显示没有器质性病变，一位主任医师建议孩子来看看我的心理特需门诊。

我在催眠前谈话时，了解孩子的头疼等一系列症状是有规律的：他八年级时就有过头疼且感觉非常烦躁，停课在家一段时间后，九年级断断续续上了课，最后参加了中考，考上了高中。在高一时，成绩基本保持在年级前列，他自述头疼次数很少。到了高二分科后，孩子描述头疼次数和程度都增加和加重了很多。高二下学期，他又选择停课在家。这次，他描述，即便停课在家，头疼还是没有消失。到了高三，他选择回到课堂继续学习，可是头疼越来越严重。头疼时，他感觉自己心里很烦，没有能力学习。考试时，脑子感觉一片空白，常常几道大题空着做不了，交完卷后，又发现自己都会做。

在这样的状态下，孩子失去了信心，加上总是感觉头疼，所以下晚自习后，就玩会儿手机、看看视频。在父母眼中，这样的行为是玩物丧志，都高三了，还不珍惜时间，于是家庭冲突频发。尤其是各项检查都没有问题后，父母更是觉得孩子在装病，亲子关系极其紧张。

在门诊中，我常常遇到这样的情况，所以首诊我会拿出大约半小时对父母进行教育，治疗一定需要"家、校、社"三位一体的干预。然后，我会和孩子解释头疼的机制：个体面临心理压力、情绪困扰或心理冲突时，这些心理因素能够通过影响自主神经系统、内分泌系统和免疫系统等多个生理系统，导致个体出现一系列生理变化。例如，长期的心理应激可能导致肌肉紧张，进而引发头疼。孩子问我："为什么不上学时，我的头疼症状时而缓解，时而加重，基本没有停止过。"我跟他解释了神经递质如何导致神经元的敏度变化，他听后豁然开朗。我又跟他分析催眠干预的原理和中医导引的效果，他一下子就明白了，顿时信心大增。之后，我们顺利进入治疗环节。

这个孩子由于在外地，后期我给他进行了线上干预，孩子头疼的感觉在第一次催眠治疗后就基本消失了，后来我又教了他一些治疗头疼的中医穴位按摩。由于地域和时间的限制，孩子只做了 6 次治疗，但在后来的学习中，妈妈反馈："孩子一直保持良好状态。"高考是他三年考试中发挥最好的一次，考了 623 分！

很多家长会问："叶老师，您的治疗为什么有这么神奇的效果？"我想说，我二十多年来一直致力于研究青少年心理健康，学习了很多流派理论和操作，最后将科学催眠与中医学、心理学相结合，形成自己独特的科学催眠＋中医导引＋中医药的治疗方案。同时，我深知，中小学生正处于身心发展的关键时期，他们面临着来自学业、家庭、社会等多方面的压力，因此，我始终坚持以孩子为中心，根据他们的实际需求和身心特点，制订个性化的治疗方案。在催眠治疗中，我注重与孩子沟通互动，努力营造一个安全、舒适、信任的治疗环境。运用催眠治疗中的暗示与引导手法，帮助孩子放松身心、缓解压力、提升自信。对于一些问题较严重的孩子，我会进行中药干预。多种手段融合治疗，效果非常好。在我的门诊中，有些孩子有强迫行为和思维，在使用中药干预后，症状得到了改善，家长反馈强迫行为几乎没有了。所以，我的临床优势就是三位一体的身心同治方案。

04 科学催眠＋中医导引＋中医药的教学应用

作为大学里一名跨学科的专家型学者，我一直强调学以致用，纸上谈兵不行，没有理论支撑也不行。在大学应用心理学专业的教学中，如何有效地将理论知识与实践技术相结合，一直是我关注和思考的焦点。催眠技术，作为一种融合了心理学、神经科学等多学科理论的心理技术，为我实现自己的目标提供了有力支持。通过催眠技术的教学实践，不仅可以帮助学生深化对心理学理论的理解，还能培养其实际操作能力和创新思维。

在我的课程中，我加入了催眠技术讲解。在课堂上，通过催眠技术实操，引导学生通过催眠练习来亲身体验情绪的变化和压力的释放，从而深化对相关理论的理解和应用。同时引导学生思考如何将心理学理论知识应用于实际工作和生活中，培养学生的实践意识和创新能力，激发学生的学习兴趣和治学潜力。在我的课堂教学中，学生录制了我的催眠教学实景，冲上热搜第一，被《安徽日报》、山东电视台等主流媒体竞相报道。

我也热衷于利用自己的专业技术服务于社会。在 2024 年首届新高考前夕,受安徽日报报业集团邀请,我开展了一系列线上高考减压讲座,为全省 65.4 万名考生及家长做现场直播答疑和指导,产生了巨大的社会反响,获得了业内人士的高度评价。

我一直尽我所能,教授我的学生催眠技术,帮助学生从实践角度理解抽象的理论知识,增强我的课堂实践性和互动性,提升了学生的专业技能,让我们专业的学生在就业竞争中发挥明显的技能优势。

05 科学催眠＋中医导引＋中医药的科研应用

作为双师型高校教师,我坚持"理论—实践—理论"的原则,将我的临床技术在科研中进一步提升,以期形成完善的心身同治诊疗模式。

我一直关注女性和青少年身心健康,所以我的研究对象锁定女性和青少年。对于女性经前期综合征(PMS),我采用"科学催眠＋中医针刺"心身同治的方案,取得了较好的疗效,并将研究成果发表在核心期刊。对于青少年,我专注于阈下抑郁这个领域。阈下抑郁,简而言之,就是没有达到抑郁标准的状态——这契合中医"治未病"的理念,上医治未病。"但愿世间人无病,何惜架上药生尘。"我出身中医世家,第一学历是中医临床,所以将这一观点铭刻于心。流行病学研究显示,阈下抑郁群体占比 30％－40％,所以我的研究的实践意义显而易见,这一研究得到了省重点自然课题项目的资助。目前课题在研,我们的团队已经将相关成果进行整理,发表在

SCI 一区期刊上。这一课题中，关于"科学催眠＋中医电针"脑机制的相关研究成果还在整理中。

科学催眠通过独特的引导机制，让个体进入催眠状态，进而调节自主神经系统，增强交感神经和副交感神经的切换能力，从而缓解紧张情绪、改善睡眠质量，学会自我调控情绪，提高应对压力的能力。而中医导引作为传统中医的瑰宝，在临床中，我会增加相应的穴位按摩，配合呼吸调和气血，平衡阴阳。**中医导引能够有效缓解患者的躯体不适症状，改善不良状态。**

对于一些情况严重的个案，我会加入中医药治疗。中医作为中华民族的传统医学，具有独特的理论体系和丰富的临床经验。我根据患者的具体症状，进行个体化的辨证施治。通过调理脏腑功能，平衡气血阴阳，快速缓解患者的躯体不适症状，从根本上改善患者的状态和精神面貌。

我将"科学催眠＋中医导引＋中医药"应用在临床治疗、教学和科研中，也顺势完成了我自己从学者到专家的转型。双师型教师、跨学科专家型学者是我对自己的定位和自我描述，也是我在临床实践、教学科研和服务社会的实践中奋力拼搏得到的称号。

回顾自己的教学科研和临床治疗之路，我深感欣慰与自豪。目前，我的心理特需门诊得到了省内外众多家长和孩子的好评，我的门诊一直是一号难求。从中，我看到了社会的需求、家长和孩子的期待，也看到了自己在这个领域所取得的成就与进步，得到了社会的认可与信任。看到许多孩子在接受治疗后的笑容与自信，看到家长们如释重负、充满感激的样子，我真的很开心、很欣慰。我觉得我以自己独特的专业技术，在做一件有功德的事。我优质、高效的专业服务，改变了不少孩子的人生走向，也把很多家庭从痛苦中解救出来。

　　然而,我也深知自己的使命尚未完成。未来,我将继续深耕于"科学催眠＋中医导引＋中医药"领域。这是一个魅力无穷的宝藏,值得不断挖掘。我要为更多孩子的身心健康和美好人生贡献自己的力量。我相信,在不久的将来,"科学催眠＋中医导引＋中医药"将成为一种更加普及、更加有效的心理干预手段,而不是我的独家秘籍。这样,我们才能为更多孩子的美好未来、为更多家庭的幸福生活保驾护航。

通过催眠技术的教学实践，不仅可以帮助学生深化对心理学理论的理解，还能培养其实际操作能力和创新思维。

从默默无闻的心理咨询师到
有名的心理专家的蜕变与成长

竺雪红

科学催眠提分赋能导师
医学教授、科学催眠分娩导师
国际科学催眠大师汤姆·史立福亲传弟子

我是一名医学教授，也是一名国家二级心理咨询师，在宁波市奉化区人民医院工作 37 年了，从基层员工做到中层管理者，再到医院党委副书记。在我的职业生涯中，我一直寻求着更高、更远的境界。现虽已退居二线，但我的内心充满了活力和激情。

在心理咨询门诊坐诊近 20 年中，我尝试过多种心理疗法，如认知行为治疗、精神分析法、焦点解决法等。虽然我怀着一颗助人的心，但面对复杂的心理问题时，我时常感到自己的能力有限，加上咨询门诊来访者稀少，我的心里倍受煎熬。

转机出现在我遇见科学催眠的那一刻。这一技术的出现，让我的心理咨询水平得到了革命性的提升。我深入学习、研究并实践，幸运的是，我遇见了我的导师——世界著名的催眠大师汤姆·史立福。在他的指导下，我的技术更加精进，我的视野更加开阔，他的教诲和指导让我在心理学的道路上走得更加坚定和自信。

我的咨询效果逐渐显现并得到了广泛的认可，越来越多的人开始了解我、信任我并选择我。从宁波、杭州、徐州、南通特地赶来的患者，他们带着困惑和痛苦而来，带着希望和信心而去。

我已成长为科学催眠导师，开了多个催眠工作坊。不仅为医护人员提供了专业的培训，为患者送去了健康和希望之光；同时，我也积极投身于家长和老师的培训工作，帮助更多孩子找到人生的航标，实现自己的梦想。

01 科学催眠在临床中的多元化应用

通过科学催眠,我们能够为患者带来多重益处。它不仅可以有效缓解疼痛、提高生活质量,还能减少焦虑和抑郁情绪。在手术康复、无痛分娩以及安宁疗护等方面,科学催眠都展现出了显著的优势。此外,在临床同类患者团体心理辅导和医院团队管理中,科学催眠效果显著,有利于团队成员的心理健康和团队效能的提升。

团体催眠为癌症患者带来心灵疗愈与希望之光

我的宁波市级课题"团体心理治疗在中晚期癌症患者中的应用与研究"是研究持续 6 周的团体心理治疗效果的,每周一次,每次治疗都有一个催眠主题,参加治疗的患者均是中晚期癌症患者。

在开始治疗前和第 6 周末,患者都填写了焦虑自评量表(SAS)、抑郁自评量表(SDS)以及癌症病人生存质量问卷(QLQ‑C30)。这些评估工具是评价心理治疗成效的手段,有助于详细地观察患者在接受治疗后心理和生理上的变化。

该疗法缓解了中晚期癌症患者的焦虑和抑郁症状。治疗后的数据显示,患者的焦虑和抑郁水平显著低于治疗前。此外,这一治疗方法还显著提高了癌症患者的整体生活质量。治疗后,患者的认知、情绪和社会功能都得到了显著改善,同时,诸如疲乏、恶心呕吐、疼痛、食欲减退等躯体不适症状也得到了明显的改善。值得一提的是,团体心理治疗在提高癌症患者的免疫功能方面也有显著的效果。治疗后,患者的 CDl6 水平明显增高,这表明他们的免疫系统得到了增强。

除了直接的治疗效果外，团体心理治疗还展示了其他明显的优势。例如，这种治疗方法节约了心理治疗时间，大大减少了患者的治疗费用，更经济实惠。

综上所述，团体心理治疗在中晚期癌症患者中的应用不仅在心理层面取得了显著的效果，还对患者的生活质量和免疫功能产生了积极的影响。这为未来更多的癌症患者提供了新的希望和治疗途径。

我的导师汤姆·史立福老师在临床上已做了大量的研究，研究怎么样运用科学催眠技术来帮助患者。他自己就是一个很好的证明，因为他是一名四期的癌症患者，在 15 年前就被医生宣判活不久了，15 年过去了，他现在的状态非常棒，所以催眠是可以提升免疫功能的。

科学催眠提升医护人员的睡眠质量

临床医护人员常常面临工作压力大、夜班工作频繁、昼夜颠倒等问题，这些问题不仅影响他们的身体健康，还会对他们的心理状态产生不良影响，特别是睡眠质量的下降成了一个亟待解决的问题。我在医院多次为医生、护士开展团体催眠，利用午休时间进行线上或线下训练，医护人员的睡眠质量得到了明显的提升，以更好的状态投入工作。这不仅有助于提高医护人员的身心健康水平，还能够提高医疗服务的质量和效率。

科学催眠——医院团队高效管理工具

在针对低年资医护人员的团体心理辅导中，医护人员可以分享自己的工作经历、遇到的困难和挑战，以及应对压力和焦虑的有效方法。我利用团体催眠,帮助低年资医护人员调整心态、缓解压力,从而减轻工作压力,缓解焦虑情绪,让医护人员的自信心得到了显著提升,更加自信地面对工作中的挑战。这不仅有助于提高医疗服务的质量和效率,还为医院的长远发展奠定坚实的基础。

02 科学催眠,为孩子的学业与人生加分

科学催眠是一种利用心理学和大脑神经科学原理的技术,通过持续训练,科学地调整孩子的心理状态,并训练他们的大脑以达到最佳状态,从而让他们提高考试成绩,同时也为孩子的人生发展加分。

缓解考试焦虑,高效提分不是梦

高考和中考是决定考生命运的关键性考试,来自社会、学校、家庭和自身的巨大压力往往会导致考生过分紧张,从而让许多考生患有不同程度的考试焦虑症,严重影响其水平的发挥。我在每年中高考前,都会遇到极度焦虑紧张的学生,我用几次催眠训练就能帮他们缓解,让他们的总分能提高几十分甚至上百分,最终考入心仪的学校,人生不留遗憾。

一名九年级男生,面临着中考的巨大压力。每晚入睡困难,而且中途多次醒来,白天上课精神萎靡。近期一次模拟考试,他的成绩在年级排名第 230 名,科学考试总分 170 分,他只得了 95 分。他自诉每次重大考试前都会非常紧张,整晚几乎无法入睡。考试时,会感到心慌意乱,大脑甚至会出现短暂的空白,特别是在面对难题时。在第一次催眠训练结束后,他当晚的入睡时间明显缩短。经过

三次训练后，他入睡迅速，人变得非常有精神。在模拟考试中，他的年级排名上升了 50 名，科学考试更是取得了 140 分的好成绩！这个进步让他对中考充满了信心，最终实现逆袭。他的妈妈开心地说："儿子考进初中时，成绩在全校名列前茅，后来成绩持续下滑，我们请了好多家教都没有改善，幸好最后一个月遇到了您！"

另外一名九年级男生，由于在重点高中尖子班的选拔考试中，数学成绩不佳而未能入选，之后在模拟考试中的数学成绩一再下滑，这种状况很可能会导致他无法进入重点高中。他前来寻求帮助，自诉每次参加数学考试时，他都会感到极度焦虑和紧张，甚至在考试过程中，大脑会一片空白。在经过第一次训练后，他克服了数学考试时的紧张情绪，数学成绩恢复正常。第二次训练后，他就参加中考了，中考成绩出色，最终如愿以偿地考入了重点高中。

一名九年级女生连续两次模拟考试的成绩均跌至班级前 30 名之外，按照这个趋势，她根本无法进入重点高中。她诉说在考试时，她的紧张程度达到了 9 分，大脑经常出现"断片"现象。经过一次训练后，她的模拟考试成绩恢复了正常水平，取得了班级第 15 名和区第 130 多名的好成绩。经过三次训练后，她在中考中取得了非常优秀的成绩，区排名第 81 名，这是她上九年级以来的最好成绩。

从常常缺课到考入重点高中

一个倍受睡眠困扰的九年级男生，每晚辗转反侧，难以入眠，往往要到凌晨二三点才能勉强入睡。他奔波于市内多家大医院，尝试了各种药物，但收效甚微。由于严重睡眠不足，他经常在课堂上感到身体不适，不得不请假回家。回到家后，他常常情绪失控，大发脾气。每周有 2—4 天，他无法正常上学，成绩从年级前 30 名大幅下滑至前 200 名开外。

幸运的是,他来到了我的诊室。第一次训练结束后,他在回家路上就睡着了。当晚入睡时间明显缩短,这给了他极大的信心和希望。经过一个周期的训练,他的入睡时间缩短至半小时左右,几乎不再请假,模拟考试成绩更是跃升至年级第 40 名。最终,他如愿以偿地考入了重点高中。他的妈妈激动地说:"能考上这所重点高中,我太开心了! 我儿子之前'躺平'了半年多,现在终于重新站起来了! 太感谢您了!"

点燃希望之光:催眠训练帮助多动症孩子逆袭

她曾是一个被多动症困扰的小学生,课堂走神、作业拖拉、言谈插嘴,成绩在班级垫底。她的家长很谨慎,所以她未服用任何药物,而是选择了催眠训练这条路。在短短 5 次训练后,家长反馈她的专注力有所提升,做作业的速度和准确率显著提升。一个周期的训练后,她的数学成绩从 50 分提升至 70 分,语文和英语成绩也从 60 分跃升至 80 分以上。

多动症,全称为注意缺陷多动障碍,是一种影响孩子自我控制能力的发展性障碍。面对孩子的多动症症状,除了药物治疗,催眠训练是一种值得尝试的方式。催眠能够帮助孩子提升自我控制能力,增强注意力和自信心。

这就是我的成长之路,一条从默默无闻的心理咨询师到省内有名的心理专家的逆袭之路。感谢每一个出现在我人生中的人,是你们让我成长,让我更加坚定地走在适合自己的道路上。我将继续努力,为更多的人带去帮助和希望。

催眠能够帮助孩子提升自我控制能力，增强注意力和自信心。

跨界觉醒：
从工程师到心理咨询师的灵魂蜕变之旅

连月娥

科学催眠治疗师
家庭教育指导师
国际科学催眠大师汤姆·史立福亲传弟子

不知你是否也和我一样，曾遭遇产后重返职场的瓶颈而深感迷茫、踌躇不前？

不知你是否也和我一样，初为人母，淹没在育儿信息的海洋中，困惑于"知道却做不到"？

不知你是否曾像我一样，不知去何处寻找生命的真谛？

嘿，来看看我非同寻常的人生剧本吧！从一名天天与数据打交道的工程师，摇身一变成为心理学领域的"心灵捕手"——心理咨询师，这一跨界的华丽转身，让我不禁自诩为"跨界探险家"。在工科领域，像我这样十年如一日对心理学痴迷到每年都投入时间深入学习的人，可以说是极其少见的，连我自己都佩服自己的这种自我挑战精神。

01 天使降临，重启心灵探索之旅

若问及我缘何跨界，我满怀感激地归因于孩子们的到来。我曾是某上市公司的一位工程师，勤勤恳恳，兢兢业业，连续几年被评为优秀员工、优秀主管，职业生涯似乎是一条高速公路，畅通无阻。

然而，2014 年，随着家中大宝呱呱坠地，职场生涯的瓶颈不期而至，仿佛命运之手轻轻一转，将我从疾驰的高速引领至宁静的乡间小径。这其中的转变，落差之大，犹如股市断崖式下跌，令人措手不及。突如其来的人生转变，让曾经沉迷于工作的我，瞬间置身于一种前所未有的迷茫之中。

不过，"塞翁失马，焉知非福"。这瓶颈一来，倒是给了我大把时间进行育儿学习。

02 初入心门：波澜曲折的探索之旅

常言道："头胎照书育，次胎随性养"，"老大照书养，老二像猪养"。我与万千新手妈妈无异，手捧育儿宝典，却仿佛步入了理论与现实激烈交锋的战场。每一次理论付诸实践，都是一次对心灵的挑战，它与老一辈传承的育儿智慧之间，悄然筑起了一道难以逾越的鸿沟。

那段时光，我仿佛陷入一个旋涡，被"知其然而不知其所以然"的困境紧紧束缚，内心充满了难以言喻的挣扎与煎熬，总会不自觉地陷入深深的自责与内耗之中，甚至将那些育儿的困惑与挫败归咎于原生家庭。我看了很多书，学了很多知识，却似乎只收集了一串串冰冷的标签，而非看见了真正的智慧之光。

然而，正是育儿最初这段曲折而艰难的探索之旅，让我逐渐领悟到了育儿的真谛。随着更深入的学习，我意识到，每一个孩子都是上天赐予的独特礼物，他们有着自己独一无二的灵魂与天赋，因此，我们需要摒弃那些千篇一律的育儿模板，采用因材施教的方式，看到每一个个体的卓越品质与潜能，用心去感受每一个孩子的独特需求与成长节奏。同时，我也开始明白，那些看似外在的育儿行为，实则是我们内心世界的映射与呈现。

从"知道"到"做到"的鸿沟之所以如此难以跨越，是因为我们潜意识内未完成的事件与那些过往的创伤、经历使得我们被卡在那里，如果没有转化，我们会时常重复旧的模式。

面对职场瓶颈与身份转换的双重挑战，这种迷茫与困惑引领我开始了更深的自我探索之旅。我意外地发现心理学对育儿很有用，这激发了我对心理学的热爱，引领我踏上了自我探索与成长的道路。

03 初识催眠，解锁母爱新篇章

自从踏上自我成长与探索之旅，我便成为一名孜孜不倦的学习者，涉猎各类心理学课程，从亲子关系到亲密关系，从情绪管理到舞动静心，从线上课到线下课，从教练式父母到 NLP，如饥似渴地吸收着各种智慧，渴望为孩子的成长之路铺设最坚实的基石。其中，让我感觉最快速、明显见效的是 2018 年在大宝的兴趣班群里接触了新华老师的"家长提分营"微信语音课程。课后，我把这些年所学的心理学知识结合催眠帮助孩子缓解了焦虑，这样明显的效果彻底改变了我对心理学的认知。我深刻体会到催眠不仅仅是技术的展现，更是心灵的抚慰与疗愈。后来，由于当时正读八年级的外甥学习偏科，我想在泉州为他寻找一位做催眠提分的老师，苦苦寻找却未能找到，故在心中更加坚定了学习催眠的信念。

线下课程的学习让我愈发感受到催眠的博大精深与不可思议。催眠以其独特的方式，直接作用于潜意识层面，成为较为高效、直接的心理辅导与治疗手段之一。

04 结缘催眠，奇迹在践行中闪现

与催眠真正结缘于 2022 年底至 2023 年初，我在孔德方老师的朋友圈里看到了关于汤姆·史立福"科学催眠治疗大师班 7.0"的课程信息，由于我早已有了学习催眠的信念，因此毫不犹豫地报名了这门课程。

2023 年 4 月下旬，我的母亲在家乡住院，检查结果显示预后不佳,病情极有可能在短期内恶化。我们不愿就此放弃,立即带着母亲前往上海寻求更好的医疗帮助。在此之前,我曾听说过汤姆·史立福老师的传奇故事,因此对于催眠的学习更加执着和坚定。幸运的是,我在 5 月初克服重重困难,上了孔德方老师亲自授课的"科学催眠私房课"。学习结束后,我急忙赶回上海照顾母亲。

"催眠"是一个常被误解为仅与睡眠相关的词语。大多数人对它的认知是片面的,认为催眠就是帮助人入睡,只有失眠者才需要催眠,所以我第一次用催眠技术就是助人改善睡眠。记得同病房有一位大姐(以下简称芬姐),病情进入晚期导致疼痛加剧,她整夜无法入睡,于是,我开始为她催眠,以改善她的失眠状况。三次催眠后,芬姐的睡眠质量有了显著提升。在 5 月 23 日清晨,芬姐请求我当晚再次为她催眠。

芬姐的失眠问题已经成了全科室最关注且束手无策的难题,因为连药物都无法解决她的失眠问题。当芬姐告诉医生们我为她催眠后,她就能够入睡时,医生们惊讶地说:"你怎么不早点催眠,我们都快变成睡眠科医生了。"

当天傍晚,主任医生再次查房,并询问芬姐的睡眠状况。芬姐告诉他,早就吃了药,但还是睡不着,反而感到头晕、站不稳。芬姐随后向医生解释,我为她进行的催眠让她连眼睛都睁不开,很快就睡着了。医生对此表示好奇和惊讶,询问我使用了什么方法,最终,主任医生对身边的医生说:"今天先不开药,医嘱就写'隔壁床家属催眠'。"

这是我第一次将所学的催眠技术应用于改善睡眠,并得到了如此积极的反馈。对我来说,帮助他人不仅给了我快乐,也坚定了我成为一名优秀催眠师的决心。

那段时间，由于病情加剧，母亲禁食禁水、卧床不起，我每晚都会为她进行全身抚触和催眠。她常常迅速进入深度睡眠状态，有时护士来拔针或打针，她也睡得很沉，不会醒来。积极的催眠暗示如同温暖的阳光，照亮母亲抗击病魔的道路。

如果说生命中存在遗憾，那就是"树欲静而风不止，子欲养而亲不待"；如果说生命中没有缺憾，那是在母亲生命的最后阶段，我结缘了催眠并运用自己所学的催眠技术，帮助她调整心态、缓解疼痛，陪伴她度过相对高质量的最后的生命时光。照顾母亲期间，有一个晚上，刚好医护人员交接换班，母亲被突如其来的疼痛折磨，一时找不到医生、护士，束手无策的我用催眠缓解了她的疼痛。我深深感受到，催眠不是技艺的展现，而是爱与陪伴，它让我们在人世间紧紧相依。

05 运用催眠谱写催眠师妈妈的独特育儿经

如果说工作上，我是一个工作狂，勇于干最难、最辛苦的活，但在扮演家长角色时，我可能并非传统意义上的完美、称职的母亲，我倾向于鼓励自我管理和提高自主性，注重培养孩子的内在动力与自我调节能力。

在孩子的学业表现上，我未曾频繁地关注排名或分数，而是更多地关注她的学习过程和兴趣。有时，孩子甚至感到纳闷："妈妈，我们班××同学说如果他没考到多少分，他妈妈会打他，你对我的成绩好像不关心……"她认为其他家长对孩子成绩的重视程度远超于我。作为咨询师兼催眠师，我更关注孩子的情绪、状态，并在她需要时提供心理技术支持，尤其是效果极其显著的 ERT 情绪重置疗法。我惊喜地发现，当孩子遇到挫折或情绪低落时，她会主动寻求帮助，希望我通过催眠帮助她释放负面情绪，重新找回积极的心态。

催眠之所以能产生显著的效果，是因为它建立在信任和自愿的基础上。每一次在孩子明确表示需要时，我就运用催眠技巧来协助她处理特定的情绪问题或挑战。这种非侵入式的干预方式，不仅帮助孩子学会了自我调节，也增强了她面对困难时的心理韧性。通过这种方式，我希望能够激发孩子的内在潜力，引导她找到最适合自己的学习节奏和方法，从而在学业上展现出真正的奇迹。

06 后记

如今，站在人生的十字路口，回顾这段从工程师到心理咨询师、催眠师的跨界之旅，我感慨万千。这一过程不仅是职业身份的转变过程，更是心灵成长的旅程。在这个过程中，我学会了倾听、理解、接纳与爱。我开始更加珍视人与人之间的联结，认识到每个人都有其独特的价值与潜力。我明白了，真正的成功并不仅仅在于职业成就，更在于能够为他人带来积极的影响，帮助他人发现内心的光芒，实现自我超越。催眠唤醒了我内心深处对生命意义的追求。我深信，每个人都有潜力成为更好的自己，而作为心理咨询师兼催眠师，我的使命就是陪伴和支持他人在这条道路上前行，共同探索生命的奥秘，实现灵魂的觉醒。

此刻，我带着这份对催眠的热爱与敬畏，站在这里，作为您心灵旅途中的一位导航者，愿以我的专业与热情，陪伴您一同探索内心的奥秘，解锁潜能的无限可能。无论您是面临情感困扰、压力、挑战，还是渴望自我成长与提升，我都将以催眠为媒介，为您铺设一条通往心灵宁静与自我实现的道路。

在未来的日子里，我将继续深化对心理学的理解与实践，不断学习、成长，用我所学的知识与技能，为更多人带去希望与力量。我期待更多的挑战与机遇，相信每一次跨越都将是我成长道路上的宝贵财富。让我们一起，勇敢地踏上探索未知、追寻真谛的旅程，共同见证生命中每一次灵魂的觉醒与蜕变。

催眠以其独特的方式，直接作用于潜意识层面，成为较为高效、直接的心理辅导与治疗手段之一。

科学催眠，

改变生活，改变命运

刘 希

上尉退役军官

科学催眠赋能、戒瘾专家

国际科学催眠大师汤姆·史立福亲传弟子

我出生在陕西眉县农村一个 20 世纪末少有的独生子女家庭。从我记事起,我就是在父母隔三岔五的吵架(多数是由于父亲的臭脾气与自私)声中以及被父亲用脚踹着长大的。有人会问:"在这样的家庭里成长的孩子,会形成什么样的性格? 叛逆的还是懦弱的?"

我有一个脾气暴躁的父亲和一个以我为中心的爱着我的母亲。从小到大,我都是一个特别腼腆、胆小、有点内向的男孩子,邻居们都说我"像女娃娃一样"。从小就没让父母操心过学习的我,在 2012年以超出一本线十几分的成绩考上了烟台大学。在大一下学期,我做了一个重要的决定:报名参加学校的国防生选拔。很幸运,体检、政审、体能考核一切顺利。大学四年很快就过去了,2016 年 6 月一毕业,我便背着行囊走进了熟悉(我每年暑假都要去部队锻炼)又陌生(全新的生活、工作环境和新的同事)的军营,成了一名军官。

或许,人们会觉得军营是一个很好的锻炼身体和改变性格的地方,一定会改变我这样的既腼腆又内向的性格。然而,这么多年过去了,我依旧是那个在人前讲话会紧张脸红的人,不敢和领导多讲话,也不怎么敢表达自己的想法和观点。

因为短视频 App 的出现,我看到了太多青少年因为心理问题而做出极端行为的信息,我不禁想:我是不是应该做些什么呢? 于是,从 2020 年开始,我系统地学习心理咨询。因为我的本科不是读的心理学专业,所以报名了河南师范大学的心理学成人本科,并在前不久拿到了毕业证。同时,由于我准备今后从事心理工作,所以再三考虑后,决定继续深造,但由于职业特性,不能脱产去高校学习,于是我报考了中国政法大学应用心理学硕士学位研修班,并且于 2023年 5 月 31 日获得研修班结业证(上了教学计划规定的全部课程,经考试成绩合格,达到研究生同等学力水平),我还在准备申请心理学硕士学位。与此同时，从 2021 年 4 月开始，我就跟随著名认知行为疗法专家郭昭良博士系统地学习 CBT 认知行为疗法，经过理论、实操考核，于 2024 年初获得了毕业证以及 CBT 咨询师 B 级认证。

2021 年的某天，我无意中搜索到了动力催眠培训课程，因为其宣称无暗示，所以认为催眠就是暗示的我立马报了名，先后参加了理论考试、线下工作坊。但是，我在后来的工作中发现，很多人对于这种没有暗示的固定流程并不感兴趣，并且这种催眠的效果一般，于是我知道，催眠离不开暗示，我又开始了新的探索……

因为我一直以来对中医比较感兴趣，所以在 2022 年，我被一则经络催眠培训的广告所吸引，于是报名参加了经络催眠的理论实操培训和考核。但是因为经络催眠要频繁地接触和按摩来访者的穴位，我接受不了，所以我再一次放弃了。

2023 年的夏天，一个汤姆·史立福科学催眠治疗大师班 7.0 的招生简章彻底改变了我和我的家庭。

虽然我已经系统学习过动力催眠以及经络催眠，但是它们并没有解决我的问题和困扰，于是，我就找到孔德方老师报了名。报名后，我就一直沉浸在即将奔赴郑州学习的激动和喜悦之中。在 7 月 31 号得知休假申请被批后，我立马收拾东西、冒着暴雨、打出租车从新乡前往郑州，花了三个多小时。在郑州的七天六夜，我接触到了来自全国各地各行各业的前辈们，也学习到了世界上十分先进的科学催眠技术。课堂上，汤姆·史立福老师为我们学员做了一个提升自信的集体催眠，睁眼的那一刻，我就觉得我就是一个优秀的心理工作者、一个优秀的科学催眠师，特别是在得到孔老师对我掌握 ZAP 技术操作力度的肯定之后，我更加确信我会成为一名优秀的科学催眠师。

01 科学催眠第一个受益者:我自己

都说学习心理学会让自己成长,学习科学催眠也不例外。从郑州学习回来后,我整个人的状态发生了翻天覆地的变化。我不再是一个面对很多人就会紧张、害羞、脸红的人,而是一个可以勇敢表达自己,向周围的同事、领导普及心理学知识、讲解催眠的专业的心理工作者。他们称我为"专家",虽然略带开玩笑之意,但我知道,我得到了肯定。那一刻,我决定好好利用科学催眠来帮助身边的同事。尽我最大的努力,在这剩下的九个月的军旅日子里,改变更多想要改变(比如戒烟、戒槟榔)却一直难以改变的同事。而对于退役后的职业发展,我也有了更加明确的规划,那就是跟随孔老师传播科学催眠,帮助更多的家庭和青少年摆脱困扰。如今的我已经脱下军装,成为一名全职的科学催眠师,军旅之路是有尽头的,但我相信,科学催眠这条路是没有尽头的。

02 科学催眠第二个受益者:我的母亲

因为一直操劳和要强的性格,母亲在很多年前就患上了甲亢、高血压等慢性疾病,稍微一受累、受热,很容易就会焦虑、睡不着觉。学完科学催眠后的第一次探亲,我就把瞬间催眠技术和 ERT 情绪重置疗法用在了母亲身上,一个流程下来,母亲睁眼的那一瞬间,她流泪了。我没有问她为什么流泪,我知道她是因为幸福、因为骄傲、因为希望。连续做了几天的催眠,母亲反馈自己这些天的睡眠一直很好,一觉睡到天亮。自从为母亲做过催眠后,母亲再也没有失眠过。以前的母亲为了儿子活着，现在的她为自己活着。写到这里，我拿出手机开始翻看母亲的朋友圈和抖音视频，以前的视频有欢笑，但更多的是伤感的文案和配乐；而如今，满屏幕都是和朋友们跳舞的视频以及正能量的文案。我笑了，也流泪了。

03 科学催眠第三个受益者：我的父亲

让一个拿着菜刀追媳妇、动不动就吼孩子甚至动手打孩子的男人，变成一个说话温柔、面对妻儿有些许抱怨，但仍然能够平心静气沟通的一家之主，难吗？难！但是，在我家不难。以前，提到我的父亲，我的脑子里几乎都是各种负面评价：自私、懒、小气、没啥本事还脾气臭，以至于从小学到大学，和朋友们谈及家人的时候，"我爸"这个称呼好像从没有从我嘴里说出来过。都说父亲的爱是沉默无言的，所以，我以为所有的孩子都和父亲很少交流，就像以前的我和父亲。在 2023 年休年假时，我第一次和父亲喝酒。那天，我们聊了很多，从我的工作到他的打工经历，再从我的上大学经历到他和母亲的沟通方式……第二天吃完午饭，我就跟父亲说："来，我帮你戒烟。"整个流程结束后，睁眼的一瞬间，父亲眼前一亮，说"感觉还不错，希望能戒烟。小鹏爸爸就是因为肺癌去世的，我也怕，但就是控制不住自己。"我在家待了半个月，给父亲做了八次催眠，果然父亲再也没有点过一根烟了，并一直保持到现在。以前，我给母亲打电话或者发视频，经常会听到她抱怨父亲因为什么事情生气，不吃饭或和自己吵架；而现在，父亲会经常主动关心我，在我生病住院后给我打钱（他可能不知道我们看病不花钱），会陪母亲去染头发，陪着母亲拍抖音，会在逛街看上某个农具后，让我在网上看看价格，还问问母亲要不要买。看着母亲发的抖音视频，父亲略显笨拙地配合着，我不由得笑了，也流泪了。

04 科学催眠第 n 个受益者：我的战友

你们知道吗？在我们军营里，十个人有七个抽烟，有五个嚼槟榔，有四个既抽烟又嚼槟榔，只有两个既不抽烟也不嚼槟榔（我是其中之一）。我经常会在朋友圈看到他们写"戒烟第 1 天""戒烟第 2 天""戒烟第 3 天""戒烟第 4 天""戒烟第 5 天"……然后就没有下文了。自从知道我跟随世界级催眠大师汤姆·史立福学习科学催眠后，好几个小兄弟都来找我，说想用催眠戒烟。我拒绝了，直到他们中有人第二次来找我，我才同意，因为我知道第一次肯定有人只是因为好奇才来找我。经过筛选，我决定帮助五位战友进行催眠戒烟。经过为期一个月一共八次催眠戒烟训练，他们已经彻底摆脱了想要吸烟却不能吸烟的焦虑情绪，在朋友圈高调宣布"我终于在我大哥催眠的帮助下戒烟了"！

虽然在写这篇文章的时候，距离我从汤姆·史立福老师那里学成归来仅仅一年多的时间，但是，科学催眠对我、我的家人以及身边的好友和战友的影响是终生的。当向同行介绍自己是世界级催眠大师汤姆·史立福嫡传弟子，别人投来羡慕眼光的时候，当我帮助一个又一个陷入情绪或者行为困境的人走出来，他们跟我分享喜悦的时候，当有家长跟我报喜说孩子通过催眠训练进步了多少名的时候，当有其他心理咨询师想要拜我为师，求教科学催眠的时候，我是开心的、骄傲的、充满自信的，这也是刚满 30 岁的我不敢想象的。

2024 年 8 月 17 日，我再一次参加了汤姆·史立福老师的"科学催眠治疗大师班 8.0"，在课程练习当中，我作为第一个进行技术示范的老生得到了汤姆·史立福老师的极大肯定，他给了我一个大大的拥抱。

　　我在科学催眠这条道路上的成长和成就，离不开军营这些年对我的锤炼，让我拥有了打破砂锅问到底的精神以及不断地突破信息茧房的勇气。我很庆幸自己在 2023 年的最后一天，毅然决然地选择加入孔德方老师的标杆团队。因为我知道，科学催眠改变了我和我的家人、朋友，而我的余生将会为了"把世界先进的催眠技术带到中国，让中国催眠行业同步于世界"而努力，我也将用我的科学催眠技术帮助更多需要帮助的人。

我在科学催眠这条道路上的成长和成就，离不开军营这些年对我的锤炼，让我拥有了打破砂锅问到底的精神以及不断地突破信息茧房的勇气。

将催眠用于青少年

辅导：从挑战到精通

金君红

科学催眠提分导师
青少年心理赋能导师
国际科学催眠大师汤姆·史立福亲传弟子

10年前，我开始从事家庭教育工作，很多家长因为孩子的教育问题走进了我的家长课堂。当他们在课堂上学到科学的育儿方法，满意离去的时候，我很有价值感。教是最好的学，我自己也把学到的育儿方法应用到对女儿的教育、和她的亲子沟通中。10年来，我亲测这些方法的确是卓有成效的，我女儿在学业、品格、目标感上均表现优异。这让我在上家长课的时候有切身的体会可以分享给家长们。

我开设的青少年领导力课程直接面向青少年学生群体，所以我对他们面临的学习和成长问题有更多的了解。我开始提供青少年心理咨询服务，针对孩子学习目标不明确、缺乏学习上进心、学习动力不足、情绪不稳定等情况给予一对一辅导和家庭整体辅导。很多孩子的自我管理、学习规划等能力变得越来越强，学习的积极性更高了，甚至性格也变得更加积极开朗。家长的情绪管理能力、共情能力、沟通能力都增强了，亲子关系变得更加和谐。

01 初识催眠

在给青少年做心理咨询时，我遇到过挑战。有些孩子年龄太小，沟通的时候，不是听不懂我说的，就是表达不出来，这样咨询的进展就很缓慢；有些孩子是为了应付父母才来的，阻抗力很大，不愿意多说；有些孩子安全感不足，不肯轻易相信咨询师，不愿意说出自己的问题。在咨询关系中，信任非常重要，有效果才可以让来访者产生更大的信任。来访者如果不配合，就很难产生效果，没有效果就很难产生信任，不信任就更加不配合。有没有什么办法可以不用太多沟通就能够快速产生效果、建立信任呢？

面对挑战,我开始寻找解决方案,这便是我接触催眠的起因。当我了解到动力催眠可以只走流程,几乎不用沟通,同时不加暗示,很安全,不会出咨询事故的时候,我立刻报名了动力催眠的学习,并用最快的速度完成了催眠理论、初阶与中阶实操课程的学习。

学习之后,就是练习。一个月后,我自身发生了一个非常大的变化。人到中年,我的体力渐渐下降,经常会感到疲乏,而自我催眠练习让我的精气神得到了很大的提升,我变得更有活力,做事更有精力。这带给了我极大的信心,我想,如果学生的精神状态得到了改善,那么他们学习的动力自然也会增强。

这种催眠方式的确简单、直接,不需要复杂的技巧。流程化的催眠让我在咨询过程中感到轻松自在,在我辅导的学生中,的确有很多孩子发生了变化,比如,一个一年级多动症的孩子从写作业拖延、破坏课堂纪律,到 20 次催眠后,写作业速度变快了,坐得住了,破天荒地被老师表扬了;还有一个沉迷于网络小说、性格阴郁叛逆的初中生,在 10 次催眠后,学习自主性提高了,变得活泼开朗,愿意与人交流了。这些成功案例让我对自己的咨询辅导越来越有信心。

02 探索与学习

随着个案越来越多,新的挑战出现了。记得有一个名叫小明(化名)的七年级学生,他因为焦虑和学习成绩不好,由妈妈带着来到我的咨询室。我尝试使用流程化的催眠方法,通过引导他进入放松状态,帮助他缓解焦虑。初期,小明的反馈是积极的,他感到放松和平静。然而,随着时间的推移,我发现小明的变化并不如预期的那样明显,情绪状态是很稳定,但是成绩没有什么变化。催眠过程中出现的问题让我感到困惑。另外，我女儿处于高中的关键学习阶段，我希望用催眠帮助她提高成绩，但她是个比较理性的孩子，对于催眠，她觉得不可信。我努力了很久，从我提出给她做催眠开始，直到3个月后，她才愿意试试。但每次她都不太配合，她不愿意坐着，要躺着，一躺下就立刻睡着了，醒过来还觉得头疼。还有一个高中生，做了几次之后，就不愿意再来了，他跟他妈妈说，每次都重复一样的流程，无聊死了，大老远地跑去，简直是浪费时间，还没什么效果。

我开始思考，催眠究竟是怎么起作用的？

我上了导师的督导课，似乎找到了一些答案，但似乎还是不明白催眠究竟是怎么起作用的。

我开始寻找新的催眠方向。这时，我注意到了汤姆·史立福老师的快速催眠技术。我把汤姆·史立福老师的《汤姆·史立福教你学催眠》这本书通读了一遍，直觉告诉我，这种技术对于那些对重复和唠叨感到厌烦的学生来说，似乎是一个有效的解决方案。我决定报名参加汤姆·史立福老师的课程，希望能够从中找到答案。

当时正好科学催眠领军者孔德方老师发起了《汤姆老师2011年课程逐字稿》《青少年催眠》等内部资料的线上沙龙，其中的一些案例给我很多启发，特别是情绪重置疗法（ERT）案例，我很期待将其应用到我的个案辅导中，去帮助我的学生去除负面情绪、负面想法，从习得性无助中走出来。

我开始跟女儿提及这些从书上看来的新技术，我说我会去上课学习，但还要过一段时间。我很想试试这些新技术，跟女儿说你要不做我的试验对象吧。她有点心动，但没有马上答应。过了一个星期，马上面临月考的她又出现了肠胃不舒服的情况。那天晚上，我说要不就试试吧，她同意了。在催眠中，我把她不舒服的感觉做了消除处理，同时，让她想象自己肠胃变通畅、舒服的感觉。第二天课间，她悄悄用电话手表给我发了一个消息，说："我真的大便通畅了。"这一次的成功让她改变了对催眠的看法，积极地配合我，继续做催眠。我又用 ERT 给她处理了专注力等方面的问题。在周测中，她的化学和英语考出了历史最好成绩。在接下来的月考中，她的班级排名提升了 18 个名次。一个月后的期中考试，又提升了 10 个名次。我女儿的变化，让我更加坚定了对催眠的信心，我可以接手的个案问题范围又扩大了！我更加期待去上汤姆·史立福老师的课程了。

2024 年五一的时候，我有幸上了孔老师的 HMI 科学催眠私房课。这门课程让我对之前流程化的催眠方式有了更深入的理解，同时也让我对催眠中遇到的阻抗力有了更清晰的认识。对于心智模型、暗示感受性等催眠的重要理论有了更深的理解，能够将理论和个案催眠中遇到的问题结合起来，逐渐构建自己的方法体系。针对不同的个案，提供更个性化的解决方案。

一个名叫小华（化名）的学生，在之前的催眠中非常配合，但成绩提高不是很明显。他对于自己的学习没有很多的思考，属于被动型。我就利用他这个配合的优点，跟他做深入的催眠前谈话。当他表现出顺从时，我会挑战他，让他确认催眠目标是否是他真正想要的，他也慢慢意识到，学习是为了他自己。在这样的基础上，我加入了提高专注力、记忆力的暗示，因为这些是他自己想要实现的目标。他现在背课文的速度加快了，写作业的效率也在不断地提高。

03 深化与升级

2024 年 7 月底 8 月初，我前往郑州进行长达半个月的催眠学习。科学催眠提分导师班让我对如何教导家长掌握基础的催眠技术有了更全面系统的认知。8 月份，我就开设了我第一个科学催眠提分教练班，分享家庭中可以应用的催眠技巧和理论，得到了家长们的一致好评。在课堂上，家长们明白了催眠无处不在。家长平时说话就是在催眠孩子，正面的话带来正面的结果，负面的话带来负面的结果。而说同样的话，为什么专业催眠师能够影响孩子，家长却不能？家长们在这个课程中学习专业催眠师的方法，学习基础的催眠流程，学习影响孩子的关键方法，创造正向催眠的情境，从而影响孩子。无论是课堂上还是课后，家长们都积极地练习，状态越来越好。一个身心愉悦的家长，是一个家庭的福音。

我接收了一个名叫小李的学生，他因为社交恐惧而来到我的咨询室。我和他进行了深入的催眠前谈话，了解影响他的事件。第一次催眠，我帮助他学会放松，进入催眠状态。第二次催眠，我帮助他在催眠状态下进行情绪释放，与过去告别。第三次催眠，通过暗示引导，帮助他构建积极的社交场景。之后，他反馈，自己在社交场合中逐渐放松，社交恐惧消除了很多。

另外一名青少年受困于睡眠问题很长一段时间了。一到晚上，他就会感到害怕，总觉得房间里有异物，窗边有可怕的东西，翻来覆去睡不着，每次都想跟哥哥睡，而哥哥觉得自己长大了，不想和弟弟睡，兄弟间因此闹了不少矛盾。我用情绪重置疗法（ERT）给他做了一次催眠。第二次来的时候，他说他自己一个人睡了一个星期，睡得很安稳。

04 传授与分享

　　随着我在催眠领域的成长,我开始将我的知识和经验传授给其他人。我早期的两位催眠同学,在我的影响下开始学习科学催眠。我们每天早上一起交流学习,一起做训练。其中一位同学,在刚开始的那段时间,因为一些个案的挑战,状态有些低迷,她对自己的工作感到迷茫。经过几次催眠,她的能量状态发生了很大的改变,整个人充满了能量和信心。看到同学的变化,我更想把催眠带给更多的人。同时,我得益于她们对我的催眠,提高了行动力,对压力的承受力也增强了,对自己的情绪状态有了更高的觉察,处于一种欢喜自在的状态。

　　我相信,催眠不仅是一种技术,更是一种艺术,它能够帮助人们解锁潜能,实现自我超越。我将继续在催眠的道路上前行,探索更多的可能性。

我相信，催眠不仅是一种技术，更是一种艺术，它能够帮助人们解锁潜能，实现自我超越。

科学催眠：

点亮心灵的明灯

沈 红

睡眠健康守护者
淮北市家庭教育学会会长
国际科学催眠大师汤姆·史立福亲传弟子

在淮北这片充满生机与活力的土地上,有一个致力于推动家庭教育发展的组织——淮北市家庭教育学会。而我,作为这个学会的创办者,也是一名国家二级心理咨询师,在探索心灵奥秘的道路上不断前行,与科学催眠结下了不解之缘。

回想起当初拿到心理咨询师证书的那一刻,心中满是喜悦与憧憬。然而,我很快就意识到,这仅仅是一个开始。心理咨询的世界犹如一片广阔无垠的海洋,深邃而神秘,充满了无尽的挑战与机遇。从那一刻起,我踏上了不断学习各类心理咨询门派知识的征程,仿佛一个渴望知识的旅人,在这片广袤的领域中乐此不疲地探索着。

每一个心理咨询门派都像一扇通往心灵深处的窗户,透过它们,我看到了人类内心世界的丰富多彩和复杂多变。在这个过程中,我体验到了学习的无穷乐趣。无论是传统的精神分析,还是以人本主义为核心的后现代心理咨询流派,抑或认知行为疗法等,都让我对人类的心理有了更深刻的理解。然而,直到我接触科学催眠,我的心理咨询师的职业生涯才迎来了一次重大的转折。

科学催眠,就像一颗璀璨的明珠,在心理咨询的天空中闪耀着独特的光芒。当我第一次接触孔德方老师时,他的一句话瞬间让我对心理咨询有了全新的认识。他说:"所有的流派都是为了满足对方的逻辑需求品。"这句话简洁而深刻,让我陷入了深深的思考。在那一刻,我仿佛从一场漫长的梦中醒来,开始重新审视自己走过的心理咨询师的成长之路。

传统催眠,作为催眠领域的经典方法,有着悠久的历史和深厚的底蕴。它通过渐进式放松将来访者带入催眠状态,帮助人们挖掘潜意识中的记忆和情感,从而解决各种心理问题。我在学习并使用传统催眠的过程中,深刻感受到了它的神奇魅力。工作中,随着个案的增多，我发现大概有一半的来访者不能进入催眠状态，让我感到非常受挫。正是这种受挫感，促使我在催眠领域精耕深挖。当我觉得自己的催眠技术已经非常成熟并开始实践时，现实给了我一次狠狠的打击，让我觉得催眠很小众，很难帮助大众，于是我最爱的催眠被我搁置了。

直到 2024 年 5 月，机缘巧合，我走进了孔德方老师的科学催眠模压班。经由孔老师，我得以拜美国临床催眠委员会的汤姆·史立福老师为师，成为汤姆·史立福老师在中国的 175 位弟子之一。汤姆·史立福老师的瞬间催眠、他老人家对待科学催眠的严谨态度、对催眠技术出神入化的运用，让我对催眠的本质有了更清晰的认识。在汤姆·史立福老师的指导下，我仿佛拨开了云雾，看到了心理咨询的真正方向。

学成归来，我决定对前期的三名来访者使用汤姆·史立福老师的瞬间催眠技术。一名是高一的孩子（目标是催眠提分），一名是 57 岁的焦虑症患者（目标是解决失眠问题），一名是 87 岁的可疑神经症患者（目标是消除躯体症状）。这三名来访者前期都做了九次催眠，高一的孩子反馈很好，另外两名来访者的状态不稳定，催眠后仅可以维持两三天好的状态。当我给他们使用汤姆·史立福老师的催眠技术后，让我没想到的是焦虑症患者的失眠问题和 87 岁的可疑神经症患者的问题得到了一次性解决，这个结果对我来说是莫大的鼓励。

科学催眠，它不仅仅是一种技术，更是一种科学的思维方式和治疗方法。它基于对人类大脑和心理的深入研究，通过科学的手段引导被催眠者进入一种特殊的意识状态，从而实现心理治疗的目的。与传统的心理咨询方法相比，科学催眠具有更加高效、精准和个性化的特点。

　　在科学催眠的世界里，每一个被催眠者都是独一无二的。催眠师需要根据被催眠者的具体情况，制订个性化的催眠方案。通过与被催眠者的深入沟通，催眠师可以找到他们内心深处的痛点和需求，从而进行有针对性的治疗。这种个性化的治疗方法能够更好地满足被催眠者的需求，改善治疗的效果。

　　科学催眠的另一个重要特点是它的高效性。与传统的心理咨询方法相比，科学催眠可以在更短的时间内取得更好的治疗效果。通过瞬间催眠技术，催眠师可以迅速将被催眠者带入一种深度的催眠状态，从而更快地解决他们的心理问题。这种高效性不仅节省了被催眠者的时间和精力，也让心理咨询师的治疗更加有效。

　　此外，科学催眠还具有很强的科学性和严谨性。在科学催眠的过程中，催眠师需要遵循严格的操作规范和伦理要求，确保来访者的安全和催眠结果有效。这种科学性和严谨性，使得科学催眠在心理咨询领域中具有很高的可信度和权威性。

　　在接触科学催眠之后，我深刻地认识到了它的巨大价值和潜力。我决定将余生奉献给科学催眠的传播和推广，用科学催眠服务更多有需要的家庭。淮北市家庭教育学会是我传播科学催眠的重要平台。通过举办各种培训和讲座，我希望让更多的人了解科学催眠，掌握科学催眠的技术和方法，从而更好地服务自己和他人。

　　在传播科学催眠的过程中，我也遇到了一些挑战和困难。有些人对催眠存在误解和恐惧，认为催眠是一种神秘的、不可控制的力量。为了消除这些误解和恐惧，我需要花费大量的时间和精力进行科普和宣传。我通过举办各种讲座和培训，向人们介绍科学催眠的原理和方法，让他们了解催眠是一种安全、有效的心理治疗手段。同时，我也通过实际案例让人们看到科学催眠的效果，从而让他们对科学催眠产生信任。

除了科普和宣传之外,我还需要不断地提升自己的专业水平和能力。科学催眠是一个不断发展和创新的领域,新的技术和方法不断涌现。为了保持自己在这个领域的领先地位,我需要不断地学习和探索,掌握最新的科学催眠技术和方法。我参加各种培训和研讨会,与国内外的专家、学者进行交流和合作,不断拓宽自己的视野。同时,我也积极开展科学研究,探索科学催眠在不同领域的应用,为科学催眠的发展做出自己的贡献。

在未来的日子里,我将继续努力传播科学催眠的理念和方法。我相信,在科学催眠的帮助下,更多的人将摆脱心理问题的困扰,走向幸福美好的人生。淮北市家庭教育学会也将在我的带领下不断发展壮大,成为推动淮北市家庭教育和心理健康事业发展的重要力量。

科学催眠就像一盏明灯,照亮了人们的心灵。在这个充满挑战和机遇的时代,让我们携手共进,用科学催眠为人们的心灵带来更多的光明和希望。

科学催眠，就像一颗璀璨的明珠，在心理咨询的天空中闪耀着独特的光芒。

催眠之光：

助力ADHD孩子绽放潜能

许 青

ADHD青少年儿童催眠训练师
上海某知名国际学校高中教师
国际科学催眠大师汤姆·史立福亲传弟子

作为一名国际学校的老师和美国临床催眠委员会认证的动力催眠师，我一直致力于通过催眠技术帮助那些患有注意缺陷多动障碍（ADHD）的孩子调整行为，提升专注力和执行力，并辅助他们的家庭更好地养育 ADHD 孩子。如果要追溯我为何会走上学习催眠的道路，并利用催眠技术帮助青少年改善学习习惯、提升专注力、充分发挥潜能，还得从我的孩子步入小学一年级时讲起。

自从成为母亲以来，我自然而然地将关注点转向了家庭教育领域。在社交媒体尚未普及的时候，了解育儿知识的主要途径便是通过台式电脑浏览网站或阅读相关书籍。当时，尹建莉老师的《好妈妈胜过好老师》对我影响颇深。书中详述了许多实际案例，并提供了处理问题的具体方法，这些都让我深受启发。这本书几乎成了我的育儿教科书，我根据书中的指导原则来处理日常生活中与孩子相处的各种问题。

尹老师的观点和我的育儿理念不谋而合，我坚信不应过早对孩子进行学科知识的灌输，因此，在孩子进入小学之前，我没有对他进行任何形式的课程补习。我认为童年应该充满快乐，而非过早地承受学习压力。在孩子入学前的每个周末，公园是我们常去的地方，我和孩子探索着大自然，享受幸福的亲子时光。

然而，当孩子在 2018 年进入小学一年级后，我遇到了未曾预料的挑战。新的教学模式要求孩子用多种方法解决一个简单的数学问题，现行常规的教学方法与我的教学理念大相径庭，对于一个刚刚接触正式教育的孩子来说，更是难以适应。加上汉语拼音的学习和良好学习习惯的建立有难度，孩子很快就陷入了困境。每天晚上，看着孩子因为作业而疲惫不堪，我的心也随之沉重。

我曾试图与老师沟通，希望能找到解决问题的办法，但未能得到预期的理解和支持。老师对孩子的严厉批评和责备,大大地增加了他的心理负担。面对这样的状况,我感到无助且焦虑,不知道如何才能有效地帮助孩子。在经过长时间的观察和思考后,我认识到必须寻找新的方法来面对这个问题。

在这种情况下,我开始了对心理学的深入研究。我报名学习专门为父母设计的家庭教育心理学课程,相继获得了青少年心理咨询师、家庭教育指导师和潜能开发师等多个资格认证。每个假期,我都会前往不同的城市,参加各种心理学研讨会和培训,不断地充实自己,以便更好地帮助孩子。通过学习和实践,我不仅帮助了自己的孩子,也开始为其他有类似需求的家庭提供支持。这个过程虽然充满了挑战,但也让我体会到了前所未有的成就感,我见证了许多孩子在学习旅程中重拾信心与乐趣。

在之后的一年里,我发现孩子的身体紧张和不适反应减少了,我们之间的关系变得更加亲密和谐。与此同时,在工作中,我也感受到与学生之间关系的加深。学生们喜爱我的课程,我每年都会收到大量来自学生的正面反馈,甚至有学生将我比作他们的妈妈,愿意跟我分享他们的秘密。当他们在学业、情感上遇到困扰时,在我的陪伴与引导下,能够较快地从情绪的阴霾中走出。此外,我所带班级的学生家长们也非常支持我的工作,我们能够像朋友一样进行开放而真诚的沟通,共同努力让孩子们进入良性发展的轨道,健康成长。

在孩子三年级的时候,他的班主任基于平日对孩子的观察,建议我带孩子去做一些感统训练,因为在课堂上,她观察到孩子在学习新知识时,比同龄人稍显迟缓,写字的结构比例不协调,笔顺不正确,多次纠正却不见改正。对此,基于我多年的心理学学习背景,结合近两年陪伴孩子学习的经历，我为孩子预约了上海市精神卫生中心的心理科专家门诊。

经历了近半年的漫长等待后，孩子终于进行了全面的筛查，医生最终的诊断是："注意力不太集中。"正当我思索下一步该怎么做时，恰好在坐地铁回家的路上偶遇一场公开的催眠展示。这位老师在现场演示了如何通过催眠技术来提升孩子的专注力，他提到许多孩子在接受催眠训练后，学习成绩有所提升。这位老师的话正好与我的想法契合，于是我决定报名学习课程。

经过一段时间的刻苦学习，我获得了动力催眠证书。自此，我每周都会为孩子进行一次专业的催眠训练，严格按照老师教授的方法，一丝不苟地执行每一步骤。经过整整一年的坚持与努力，孩子在面对不愿意做的事情时，不再有剧烈的情绪反应，也不再像过去那样闹情绪。我能以更加平和的心态与孩子交流，孩子也能够平静地去做需要完成的事情。对于孩子的这些积极的变化，我感到非常欣慰，但与此同时，我对孩子在学业方面的变化还是不太满意。同样的情况也发生在我的学生身上，在我这里做催眠训练的学生在情绪、行为习惯上都有喜人的改善，但学习成绩却没有显著的提升，与我的预期并不相符。内心深处，我感觉一定还有一些东西是我在催眠技术上需要再进行深入研究的。

一次偶然的机会，我看到孔德方老师教授催眠技术的信息，顿时眼前一亮。了解到孔老师拥有美国催眠动机学院（HMI）的官方授权，基于我对催眠技术的学习积累以及为孩子和学生进行催眠训练的经验，我意识到，在给孩子做催眠训练的时间里，虽然我在催眠方面取得了一些成效，但仍有许多方面需要进一步提升和完善。在仔细浏览了美国催眠动机学院官方网站、孔老师的平台并与朋友进行了深入交流后，我参加了孔老师的科学催眠"模压班"。我相信，这将是我帮助小 A（ADHD 的爱称）克服学习障碍、提升专注力的一个重要转折点。

在孔老师的课程中，随着孔老师对催眠技术的拆解以及我们的反复练习，很多平时在给孩子进行催眠训练时遇到的问题迎刃而解。我恍然大悟，我感到自己对催眠技术的理解跃升到了一个新的高度。从郑州归来后，我非常兴奋，迫不及待地与我的催眠师同行们分享了我的学习心得。那一刻，我知道，我找到了开启孩子学习潜力大门的钥匙，而这把钥匙，或许将帮助孩子更好地成长。

随着时间的推移，我渐渐发现了催眠技术在提升专注力和改变学习习惯方面的潜力。孩子的情绪稳定性大大提高，写作业时明显比以前更加投入，作为一个曾经为 ADHD 孩子的学习和情绪管理问题而苦恼的家长，这次的学习经历简直为我打开了一扇崭新的窗户。如果您也在寻找帮助 ADHD 孩子克服学习障碍、提升专注力的方法，不妨考虑一下催眠技术。

许多人听到"催眠"二字时，会误以为它是让人进入睡眠状态，实际上这是一种误解，催眠是使人进入身体放松同时注意力高度集中的状态。在催眠师的引导下，来访者进入这种状态，激活潜意识，寻找解决问题的办法。

我有一个来访者是一个高中生。她天资聪颖，从小就是班级的中心，是老师、同学眼中最优秀的学生。升入高中后，众多优秀的学生汇聚在一起，她不再是老师、同学的中心，顿时失去了动力，经常出现多疑、强迫等症状。她在做了八次催眠训练后，情绪状态调整了,杂念减少了,考试成绩也有所提升。通过脑波仪的检测发现,经过催眠训练后的大脑,各种频率的脑波更加有序、均衡。她向我反馈,每次她在做完催眠训练后,都感觉自己大脑清晰、学习效率提高,因学习而带来的获得感让她感到轻松快乐。

更惊喜的是,2024 年 8 月,我学习了美国汤姆·史立福老师的科学催眠治疗大师班课程。汤姆·史立福老师说,催眠是一种合作的艺术,是催眠师与来访者共同创造的过程,是信心的传递。在与我的孩子的共同训练中,我真切地感受到我们处在同一个频道上,我能够感知到孩子当下的状态,而孩子也感受到了我的信心与力量。这种共振的感觉,让我对催眠这个技术有了更加深刻的体会。用汤姆·史立福老师的技术给孩子催眠后,他的第一反应让我印象尤为深刻。他说,这次催眠结束后,感觉格外有力,不仅没有丝毫困意,反而更有精神了。那一刻,我意识到催眠不仅仅是技术的应用,更是一种心灵的共鸣与信心的传递。之后,我在每次的催眠训练中都为孩子注入信心和力量,根据孩子当时的情绪状态做相应的调整。在孩子上七年级的第一个月里,我频繁收到孩子班主任的赞扬,称赞孩子写作业比之前的效率更高了,校内作业的正确率也比之前有所提升。

汤姆·史立福老师的催眠技术不仅应用广泛,而且极为灵活。有一次,我的一个学生在炎热的天气下排队时,感到头晕和不适。休息片刻后,症状稍有好转。经过观察,我觉得这名学生身上出现的症状可能不仅仅是天气原因所致,更多的可能是心理因素的原因。在与他交谈的过程中,我证实了自己的猜测。于是,我当即运用了汤姆·史立福老师教授的情绪重置疗法(ERT)处理了他内心的困扰，并为他植入了新的情绪感受。令人高兴的是，当后来再次提起那次经历时，他轻松地回应我："我不会再出现那种情况了，我现在知道如何应对了。"他的回答让我感到十分欣慰，我感受到的是一个孩子生命力的复苏与自信的重建。这种转变不仅证明了催眠技术的有效性，也让我更加坚信，通过正确的方法和技术，我们可以帮助孩子们克服心理障碍，让他们以更加积极的态度面对生活中的挑战。

在我日常的教学中，我总是特别留意学生们每一天的状态。有一天，我注意到一个孩子面容憔悴、双眼无神、目光呆滞，走路时没有活力，完全失去了一个青少年应有的活泼模样，于是，我找了个机会与这个学生交谈，了解情况。原来，她最近一段时间一直饱受失眠之苦，睡眠质量极差，每晚都要醒来三四次，像极了婴儿的睡眠模式，整夜都在做梦，醒来时浑身无力，头脑昏沉，心情沮丧。听完了她的叙述后，我运用汤姆·史立福老师教授的眼光凝视与双视距技术对她进行催眠训练，并在训练中加入了帮助她达到深度睡眠状态的引导。第二天，她一见到我就兴奋地告诉我，她昨晚 11 点入睡后，一觉睡到了第二天早上 6 点，其间似乎只做了一次梦，但记不清具体内容了。这对我们两人来说，无疑是个极大的好消息。她的变化让我更加确信，通过正确的催眠技术的引导，可以帮助孩子们克服心理和生理上的问题，让他们以更好的状态迎接每一天。

催眠技术的价值远不止于此。无论是帮助学生克服心理障碍，还是解决睡眠问题，催眠都能发挥其独特的作用。它为我打开了一扇新的窗户，让我看到了在传统教育之外的可能性。它不仅仅是一种技巧，更是一种传递信心与力量的艺术。每一次成功的催眠体验都是对孩子内心世界的探索,挖掘了他们的潜在能力。

对于每一位正在为 ADHD 孩子的学习和情绪管理问题而苦恼的家长,我想说:催眠技术为我们提供了一种全新的解决方案。它不仅能够帮助孩子克服学习障碍,提升专注力,还能让他们在情感上得到疏导。每一个小小的进步,都是通往更大成功的一步。我愿用爱心和智慧照亮每一个孩子的未来,见证他们绽放耀眼光芒的时刻!

无论是帮助学生克服心理障碍，还是解决睡眠问题，催眠都能发挥其独特的作用。

从国企高级工程师
到科学催眠师，
我经历了什么？

谷俊杰

即兴催眠导师
壹心理签约讲师、新手咨询师带教
国际科学催眠大师汤姆·史立福亲传弟子

三年前，我经历了人生的至暗时刻。我在一家国企工作，曾发明多项专利，已经获得高级工程师职称，曾认为自己将在这个单位一直工作到退休，但是，意外发生了。我所在的公司因为经营不善，集团上级公司砍掉了我们这块业务，我们公司停止了运营，员工都要被解聘。听到这个消息，我惊愕不已，我从来都没想过，一个世界500强国企竟然也会关停下属公司。我迷茫、不知所措，今后该怎么办呢？

面对残酷的现实，我特别感谢三年前的那个决定。

01 结缘

与心理学结缘是很偶然的事。中学时期，我喜欢的科目是生物，会去书店买些与生物学相关的书回来阅读。

记得有一次，我偶然在书店里看到了一本名叫《生理心理学》的书。我津津有味地翻看书中的内容，书里绘制的脑神经、神经信号图片及相应的文字内容让我觉得很神奇。这是我第一次知道人的心理活动与生理机制有着紧密的联系，心理学这颗种子不知不觉埋在了我的心里。

毕业之后，我进入了一家国企单位，从事工程技术方面的工作。我的工作内容与心理学毫无关系，我也从未想过今后会与心理工作结缘。

记得在工作三年后的一次同学聚会中，同学们天南海北地闲聊时，一个同学不经意间提到了某大学心理学院养着一群猴子，学生们成天观察和研究猴子。听到他眉飞色舞地讲着那些关于研究猴子的趣事，我心里的某一点似乎被触动了，之前无意间种下的那颗种子开始萌动，从此学习心理学这个念头便挥之不去。我开始购买并阅读许多心理学图书。为了系统地学习心理学，不久之后，我报名参加了中国科学院心理研究所的青少年心理健康教育与咨询治疗研究生班的学习。经过两年半的系统学习，我这个心理学"小白"逐渐迈入了心理学的殿堂。

02 起步

许多学习心理学的人都有一颗助人的心，我也不例外。学完中国科学院心理研究所的课程后，我开始不断地寻找实习的机会，去一些心理咨询机构做志愿者。真正接触这个行业后，我才知道，想从事心理工作，仅仅靠学过一些心理学的基础知识远远不够，这只是万里长征的第一步。

为了让自己更加专业，也为了对今后的每一位客户负责，我将获得心理咨询师证书列为下一个目标。经过不断学习，我取得了国家二级心理咨询师证书。当时，我心里想：取得从业证书后，应该可以从事心理咨询工作了吧？后来我发现，这只是一个美好的愿望，因为这个时候的我真的没有信心去面对客户。聆听着每一个客户对我讲述他自己的情况，我并不知道用什么样的方式去处理才更加妥当，我开始有点怀疑自己。可是花费了三年多的时间，就这样放弃吗？我心里充满了困惑。

03 成长

既然暂时无法助人，那就先学习看上去很神秘、同时也是自己喜欢的催眠技术吧。于是我开始搜寻、关注催眠相关的信息，不断地学习催眠疗愈技术。现在回想起来，我当时赌对了。随着学习不断深入，我的催眠技能不仅提升了，内心也成长了。我曾经是一个有点胆小的人，性格有点内向、敏感，常常有持续性的焦虑。随着内心的疗愈，我学会了更好地管理自己的情绪，增强了自我调节能力。这种个人成长不仅让我在生活中变得更加自信和阳光，同时对我的职业生涯产生了积极影响。我的本职工作不断取得进步，我从一个普通员工逐渐成长为部门经理、总经理助理。在技能方面也取得了不错的成绩，从一个技术员成长为高级工程师，参加过两个"十三五"国家级科研项目，获得了多项科研专利。这个时候，我一心扑在工作上，曾经认为这个工作我会一直干下去，直到退休，而心理学和催眠只是自己的兴趣爱好而已。然而，在这个时候，我的工作出现了一个大的变故。

04 变故

我所在的公司挺过了疫情，却没挺过集团的业务线调整。疫情过后，集团上级公司决定关停我所在的公司，我不得不离开我工作了 20 多年的公司。

这是我付出了整个青春的地方啊！

谁能想到，一个国企、一个世界 500 强集团的所属企业，也会有解散的一天？我在原行业、原公司过往所有的努力和付出都清零了，年近 50 岁的我面临再就业的窘境。

这个时候，我震惊、迷茫、不知所措。

05 低谷

在离开了公司后，我复盘了过往的工作历程，虽然平凡，但也有成绩：评上了高级职称，做过公司的高管。可是这一切在低迷的大环境、过往的光环在原公司解散后消失的这个背景下显得那么无力。

我该怎么办？持续的焦虑、恐慌、无助日夜侵袭着我，我变得无比憔悴。

06 重生

幸好我在心理学和催眠上有沉淀和积累，于是我调整心情，开始盘点自己在心理学赛道上的资本：近10年的心理学接触经历、有用心理咨询助人的经验、掌握了催眠疗愈技术。于是我做了一个重要决定：正式进入心理学赛道，从事心理助人和催眠疗愈相关的工作。

在做出这个决定后，我将曾经看过的心理学图书都找了出来，开始认真地研读，并且不断地为自己创造机会，进行咨询个案的实操。心理咨询行内人都知道，做个案咨询对咨询师的功力要求比较高，很多新手都无法在短时间内接个案，但是我掌握了催眠技术，重新起步做咨询的难度比较小，于是我以催眠技术为支撑，快速地启动了个案咨询。自此，我逐渐从之前焦虑无助的状态里走了出来，开启了人生的第二航线。

我重生了！

07 起航

你知道吗？我在心理咨询赛道能快速起步，很大原因是出于我对催眠技术的喜爱和运用。在正式踏入心理咨询赛道后，我不断地遇到志同道合的老师和同学，得到了很多帮助，我的咨询经验和咨询能力不断增加和提升。在这段时间，我非常感谢催眠技术。通过催眠，我通常能够在较短的时间内帮助客户显著地改变，提高了客户的满意度，同时也为我提供了成就感，我面对客户的信心提升了。

在接下来的咨询实践中，我不断地对比催眠技术和其他咨询技术，越发感受到催眠技术对咨询新手极为友好。催眠技术提供了一系列独特的工具和方法，帮助咨询师打破传统咨询的局限，催眠师可以根据不同客户的需求灵活应用。这种多样性使咨询过程更具吸引力和有效性，例如，我曾经有一个高度焦虑的客户，我先和客户讨论焦虑源，包括生活压力、人际关系等，然后尝试使用认知行为疗法(CBT)引导客户识别负面思维，并提供应对策略。然而经过多次会谈，效果都不理想，客户的情绪波动仍然明显。后来，我使用了催眠技术，通过催眠引导客户进入深度放松状态，直接探索潜意识中的焦虑根源，进行积极暗示和视觉化。第一次催眠，客户便说改善显著，焦虑程度明显降低。三次催眠后，客户的失眠问题得到解决，他能够更好地调节情绪。

我发现，普通咨询通常需要较长时间的沟通和多次会谈，见效较慢，而催眠技术能在较短时间内有显著效果，通常1—3次会谈即可见成效。与普通咨询依赖客户的自我表达、找到根本问题比较费时相比，用催眠技术可以直接与潜意识沟通，能够迅速识别并处理深层次的情感和信念。普通咨询需要丰富的经验和技巧来引导客户，有深厚的咨询功底才能有显著的效果，这使新手倍感压力，而催眠技术则提供了具体的技术和步骤，易于学习和应用，新手咨询师可以按照催眠的流程来接个案，不加任何治疗性暗示就可以达到特定的疗愈效果。在这样的情况下，催眠的安全性是有保障的，对客户有很好的保护，同时能够增强新手咨询师的信心和成就感。

当你有了一定的咨询经验后，也可以运用相应的催眠技术进入客户的潜意识，更深入地探索客户的需求。这种深层次的探索有助于识别根本原因，并加入与客户需求相匹配的催眠暗示和引导，从而提供更有效的干预。在催眠过程中的深度沟通，可以帮助咨询师与客户建立更加稳固和有效的信任关系，从而促进后续咨询的成功。对新手咨询师而言，掌握催眠技术后，不仅能够提升咨询效果，还能够更自信地处理各种情况，在面对挑战时更加从容。这种自信心的提升对咨询师的职业发展至关重要。

08 升华

我在后续的心理咨询工作中，主要帮助客户解决焦虑、压力和其他各种心理困扰。尽管我在这条路上努力耕耘，但我始终感觉自己还有很大的提升空间，特别是在催眠技术方面，所以我想要得到更专业和系统的训练。

经过慎重的思考，我在网上查阅了许多催眠课程和导师的信息，最终锁定了孔德方老师。孔老师在催眠界享有盛誉，拥有丰富的实践经验和深厚的理论基础。我特别欣赏孔老师强调的理论与实践相结合的教学理念，这正是我需要的。报名参加孔老师的课程后,我满怀期待地走进了课堂。在课堂上,孔老师深入浅出地讲解了催眠的基本理论、心理机制与技巧,更重要的是孔老师注重实践,每节课都有大量的实操练习。我不仅学到了丰富的知识,还结识了许多志同道合的朋友。课程结束时,我感到自己对催眠技术的理解有了质的飞跃。

尽管在孔老师的课程中获得了很大的提升,但是我还有更高的追求。我希望对催眠有更深入的理解和运用,因此我决定报名参加汤姆·史立福老师亲授的催眠治疗大师班的课程。汤姆·史立福老师以其国际视野和前沿的催眠技术而著称,我认为这将是一次不可多得的机会。

在汤姆·史立福老师的课程中,我被汤姆·史立福老师生动有趣的教学风格深深吸引。汤姆·史立福老师通过典型的案例和科学的数据,将复杂的催眠概念讲解得通俗易懂。课堂气氛轻松活跃,同学们不断获得灵感。我在学习的过程中逐渐认识到,催眠不仅仅是一种技术,更是一种艺术。在课程中,我多次得到汤姆·史立福老师手把手的指导和积极的反馈。汤姆·史立福老师对我催眠技术的认可和肯定,极大地增强了我的信心,激励着我在未来的催眠事业中更加努力和自信。

汤姆·史立福老师也非常重视催眠的安全,详细讲解了如何安全地催眠。我通过学习,获得了我在从事催眠咨询事业以来最重要的证书——科学催眠治疗技术安全认证。从此,我在催眠工作中又多了一道保障:安全催眠的保障。

课程结束后,我不仅掌握了汤姆·史立福老师传授的各种催眠技巧,同时催眠的职业素养得到了显著提升,这为我未来的催眠事业打下了坚实的基础。

09 结尾

　　我的催眠之路是一段充满挑战与成长的旅程。从初识催眠的新手咨询师到如今掌握丰富催眠技巧的专业人士，我的每一步都离不开努力与坚持。通过学习孔德方老师和汤姆·史立福老师的课程，我不仅提升了自己的专业技能，还在个人成长上有了巨大的收获。我深知自己肩负的责任，未来，我将继续在这条道路上前行，我希望通过自己的努力帮助更多的人获得心理健康和幸福生活。我相信，催眠将会改变更多人的命运，而我也将不断追求卓越，实现自我价值。

与普通咨询依赖客户的自我表达、找到根本问题比较费时相比，用催眠技术可以直接与潜意识沟通，能够迅速识别并处理深层次的情感和信念。

内心蜕变：一个心理学人的认知觉醒之旅

朱倩媛

催眠写作导师、高级心理分析师
曦禾心理创始人、心理深壹度主笔
国际科学催眠大师汤姆·史立福亲传弟子

01 开篇

深夜里，你是否也会失眠，辗转反侧？脑海中盘旋着种种细节，比如，白天吵架没吵赢，明明拿手的事情搞砸了。

你有没有想过，为什么有些人能在喧嚣中保持内心的平静，而有些人却总是被外界深深影响？是否觉得自己太敏感，以至于生活变成了一场战争？

作为一个十分敏感的女性，我太了解以下这些感受了：对每个细节都异常敏感，容易被他人的情绪影响，时常陷入过度思考的旋涡，对生活中的不确定性深感焦虑。

02 觉醒之路——文学滋养与自我探索

十八岁那年，我遇见了改变我生命轨迹的精神导师们：泰戈尔教会我感受生命可以绚烂如夏花，张爱玲教我在细腻的笔触中寻找女性的力量，鲁迅激励我提笔可以开启智慧之光，照亮人生之路……

命运的转折始于一次选择——学习心理学专业。 并不像部分人以为的，心理有问题、需要治愈的人才去学心理学，我是出于内心深处的召唤才学心理学的。那个时候，我大量阅读心理学书籍，日记本成为我的记事簿，我曾这样写道："每个人都是自己的解药，也是别人的良方。"在博客流行的时候，博客成为我的心灵成长圣地，我在这里记录读书心得，分享生活感悟，与内在的自己对话。

正是这些心理学积累以及记录，让我遇见了更有力量的真实的自我，也让我在心理咨询实践中能够更深入理解人性和共情，更善于用叙事疗愈创伤。

毕业后，我也曾尝试过走上大多数人眼里的正确的人生轨迹——当一名新闻工作者，但我内心始终有一个声音在向我呐喊："这不是真实的你，这也不是你想要的生活。"

十年前，我一边学习了很多心理咨询技能，一边寻求个人成长，我还是摆脱不了生活的一地鸡毛。

03 奇遇转折——淬炼与沉淀

从学校毕业后，作为一名新闻工作者，每一次出发都像一场未知的冒险，因为新闻现场永远充满了不确定性，或许是一场突发事故的现场采访，或许是一个社会热点议题的深度报道。对高敏感的我来说，这份工作既是挑战，也是机遇。

我有幸参加了一次脑科医院通过医学专用网络平台对外网络直播的采访，一位有留美归国博士学历的脑外科医生为一位癫痫患者做颅脑手术。当时，在云南省内只有屈指可数的几家医院可以做这种需要人与电脑密切配合，先把数据输入电脑，由电脑发出指令，确定精准位置之后，再由医生来执行的手术。全程直播采访结束后，我内心大为震撼，脑科学和心理学是如此强大而令人向往。

当我和院长采访结束后交流时，我和院长聊到我原本也是心理学科班出身，梦想是做一名心理医生，只是现在看来遥不可及了。没想到，几天后，院长向我抛出了橄榄枝，她说如果我愿意，我可以跟随院里的资深专家和咨询师实习。得知这个好消息，我这个高敏感的人辗转反侧，心想要放弃现在的工作吗？我的专业技能够吗？

重返心理学领域是否为时已晚？我何德何能？我深知自己的专业能力是不够的，但内心那个声音越来越清晰：这也许才是自己想要的人生。终于，我做了一个大胆的决定，毅然决然辞职，跟随内心的声音，踏踏实实去学心理学。

我开始重新拾起从前的专业书籍和笔记，通过各种途径和各大心理平台，搜索心理学行业最新的资讯，全身心投入心理学和临床咨询系统化的学习之中。我跟随国内行业顶尖的老师学习；机缘巧合地学习了杨凤池教授的心理咨询技术；因为关注菲利普·津巴多，有幸跟随彭凯平老师学习积极心理学；我对故事疗愈感兴趣，于是跟随李明老师学习叙事和东方心理学；我还跟随黄政昌老师、朱建军老师、刘伟老师、马春树老师学习；一个偶然的机会，我通过《HMI专业催眠师教程》与孔德方老师、科学催眠结缘，沉浸式地学习和体验催眠。**仿佛一切都在为我的职业生涯指引着方向，过往的每个角色都在为未来做准备。**

04 专业蜕变：内在力量和认知觉醒

你能想象吗？科学催眠师的身份竟让我找到了让内心宁静的方式。特别是在汤姆老师的课堂上，我开始明白：高敏感特质不是缺陷，而是超强天赋；敏锐可以是力量的引擎；潜意识的探索就是疗愈的开始。

随着时间的推移，在心理学的学习研究和科学催眠的实践中，我看到了在我身上和我的家人身上发生着翻天覆地的改变。我的父亲，一位70岁的老年人，做过大大小小多次手术。催眠前，他只做散步这项运动；催眠后，他开始学习新事物，关注健康的生活方式，尝试挑战新的运动项目，甚至无论酷暑还是寒冬，都坚持游泳，整个人精神饱满。做儿女的对父母都有让他们保持身体健康的愿望，通过科学催眠，我的这个愿望实现了！

你可能会问："催眠是万能药吗？"行业研究者一直在探索让人保持身心健康的最好的方法到底是什么，专业心理咨询和心理治疗帮助很多人改善了心理健康状况，正念、冥想和深度放松也证实了其有效性，调整作息和饮食习惯、增加运动量也是保持心理健康的方式。但是，这些方法有时候不管用，有的人适合精神分析法，效果特别好；有的人受益于认知行为疗法，问题迎刃而解；但也有一些人，常规的心理咨询方法对他们难以奏效。你认同吗？没有什么是万能的！

我开始探索科学催眠与写作疗愈的结合。我把这个方法教给了我的多位来访者，他们一直坚持催眠写作疗愈到咨询结束，并将其融入他们的生活，将每天的经历，自身的感受、想法、情绪写下来，按照我特定的结构模式和方法来记录，每天花 10—20 分钟，有的时候可能只需要 5 分钟。这成了一件自然而然去做的事情，而他们也在经历着悄然的改变。你会发现当常规心理咨询对一个人无效时，催眠写作自我疗愈为心理疗愈开启了一扇全新的窗。

催眠写作最独特的价值在于：它是一种完全个人化的、不受外界干扰的自我疗愈工具，能帮助我们直面问题并重建内心世界。

我也觉察到我的敏感，用在催眠写作里，将成为我最强大的内心力量。

每一个找到内心力量的女性，都会成为将来的自己最坚实的依靠。这个蜕变的机会，就在眼前。记住，每个伟大的改变都始于一个勇敢的决定。十年前的我选择改变，今天的你准备好了吗？

一个心理学人的心灵觉醒之路，也是一段将催眠写作与心理疗愈结合的旅程。

你会发现当常规心理咨询对一个人无效时，催眠写作自我疗愈为心理疗愈开启了一扇全新的窗。

催眠让我信服，给我幸福

张丽燕

精神科执业医师
催眠临床践行者（处理过青少年学能提升训练400多个案例）
国际科学催眠大师汤姆·史立福亲传弟子

提到催眠，我就不得不提潜意识。**潜意识真的是一种神奇的力量，这种力量不是外在赐予的力量，而是我们内心产生的一种神奇的强大的驱动力。**曾经的我以为"潜意识"只是一个学习心理学时的"洋玩意"，如今的我再也不这么认为了，因为现在我终于明白我的所言所想所为都是在受了自己的潜意识驱动后显化的。

说到我的潜意识，不得不追溯到我的童年时期。上五年级时，在一个电视综艺节目中，我看到了催眠的表演。那一次催眠就在我心里埋下了梦想的种子，虽然当时只是头脑中闪现了一下自己如果有这种神奇的功力，那该多好啊。之后，我就特别喜欢魔术表演之类的综艺节目，对飞碟、外星人之类的报道也特别着迷，总幻想自己有一天能被外星人垂青，赋予自己特异功能。那时的我应该是把催眠和魔术混淆了。随着岁月的流逝，我淡忘了催眠。

后来，我一直在医学的道路上颠簸前进着，从临床换到辅检，再换回临床，从内科换到妇科再换到精神科，最终来到了心理咨询科。但是如今回想其中的一些细枝末节，会发现的确是我的潜意识在驱动着我走向催眠之路。这一路走来，有困惑、迷茫，有深深的挫败感，更多的是收获了成就感，因为我已经用学到的心理治疗技术和催眠技术帮助了很多休学的孩子考入重点初高中和大学。

催眠，它不仅是一种治疗手段，更是一种心理探索工具。本文将结合我的个人经历、在催眠领域取得的成就，详细分析成为一名成功催眠师的关键要素。下面是我成长为将心理治疗和催眠技术结合起来治疗患者的精神心理科医生的历程。

01 缘起：催眠的契机

潜意识的奇妙力量

在谈及催眠时，我们不可避免地要提到"潜意识"。潜意识是我们内在深处的一股强大力量，影响着我们的思想和行为。曾经，我把潜意识简单地看作心理学中的一个术语，但随着对催眠的了解不断深入，我逐渐认识到它的真正意义。潜意识不仅仅可以对我们的行为产生影响，还是一种强大的内在驱动力，影响着我们对世界的感知和反应。

童年的启示：催眠的初体验

回顾我的童年，会发现催眠的种子早已埋在了我的心中。上五年级时偶然看到的一场催眠表演，就已经在我的头脑中留下了深刻的印象，并在我幼小的心灵埋下了种子。潜意识驱动那时的我对催眠产生浓厚的兴趣，虽然当时对催眠的理解仅仅停留在表面，但激发了我对催眠的好奇心，为我后来的职业道路埋下了伏笔。我从一名内科医生转为精神心理科医生，这也是冥冥之中潜意识在驱动。

职业生涯的探索：从临床医学到心理咨询

我的职业生涯并非一帆风顺，而是经历了多次转折。从临床医学到辅助检查，再到精神科和心理咨询，每一次职业的变化似乎都是在为我最终的选择铺路。在这段颠簸的职业旅程中，我逐渐意识到，潜意识中对催眠的兴趣始终没有消减，它深深影响了我对心理治疗的追求和探索。最终，我在心理咨询领域找到了我的归属，并开始深入学习催眠技术。这一学就再也没能停下来，我边学习边自我实践，边总结边积累，这让我更加热爱催眠，更加热爱生活。

02 曲折的学习历程：从初识到精通

催眠的学习道路充满了挑战和探索，每一个阶段都为我成为成功的催眠师奠定了基础。

初探催眠：基础学习与初识

在初次接触催眠时，我上了动力催眠培训课程。这些课程涵盖了催眠的基本理论和操作技巧，如自我催眠。虽然这些内容相对简单，但它们为我打下了扎实的基础，让我对催眠有了初步的理解。然而，我深知，催眠不仅仅是一种技术，更是一种需要不断学习和实践的艺术。

师从名师：深造与成长

为了深入学习催眠技术，我有幸成为科学催眠领军者孔德方老师的学生。后来，由孔老师引荐，我成为美国临床催眠委员会主席汤姆·史立福的亲传弟子。在两位老师的指导下，我接受了系统化的催眠训练，学习了许多高级的催眠技巧和方法。汤姆·史立福不仅传授了我先进的催眠技术，还教会了我如何将催眠与认知行为疗法（CBT）、辩证行为疗法（DBT）结合，形成更加全面的治疗方案。他的教导让我认识到，催眠不仅是一种治疗工具，更是一种深入理解和改变内心世界的艺术。

实践中的挑战与突破：从理论到实践

在实际操作中，我遇到了许多挑战，例如，如何根据患者的个性和问题调整催眠策略。我不断反思和调整自己的治疗方案，通过不断实践和总结，我逐渐找到了应对这些挑战的有效策略，例如，我学会了根据患者的具体需求和心理状态，灵活调整催眠的深度和技术，从而显著改善了治疗效果。

在催眠实践中，我还发现与患者建立信任关系是至关重要的。这种信任关系是催眠成功的基础。为了建立这种关系，我在治疗前与患者充分沟通，了解他们的需求和期望，并在治疗过程中保持互动。通过这种方式，我就能够更好地理解患者的需求，根据个体情况来制订更为有效的治疗方案。

03 成就与主营业务：催眠的深远影响

通过多年的学习和实践，我在催眠领域取得了一些显著的成就，并将催眠技术应用于多个治疗领域，帮助了众多患者。以下是我在催眠领域的一些主要成就和主营业务。

专业成就：催眠领域获得的认可与贡献

作为一名获得美国临床催眠委员会（USBCH）认证的催眠师，我在催眠治疗方面积累了丰富的经验，并取得了一些显著的成果，例如，在青少年学习能力提升和情绪稳定训练方面，我采用了科学催眠的方法，显著提高了患者的学习效率和情绪稳定性。许多青少年通过催眠技术改变了他们的学习态度和行为表现，从而在学业中取得了更优异的成绩。

在婚姻情感咨询和亲子关系治疗方面,我通过催眠技术帮助许多家庭解决了他们的情感问题和沟通障碍。催眠技术不仅帮助夫妻更好地理解对方,还促进了其他家庭成员之间的合作。通过催眠,我能够帮助他们探索内心的真实需求,从而改善家庭关系。

主营业务:催眠与心理治疗的融合

在我的实践中,我将催眠与认知行为疗法(CBT)、辩证行为疗法(DBT)等心理治疗方法相结合,以提供更为全面和个性化的治疗方案。我的主要业务包括以下几个方面:

青少年心理治疗:针对青少年在学习和情绪方面的问题,我应用催眠技术进行综合干预,例如,在学习能力提升方面,我通过催眠帮助青少年调整其对学习的态度和增强信心,从而提高他们的学习效率。在情绪稳定训练方面,我通过催眠技术帮助青少年管理情绪,增强其应对压力的能力。

婚姻情感咨询:在婚姻关系中,我通过催眠技术促进夫妻之间的沟通和理解。催眠可以帮助夫妻探索和解决他们在婚姻中遇到的问题,如情感隔阂、沟通障碍等,从而改善婚姻关系。

亲子关系治疗:亲子关系中的问题往往涉及沟通和理解的不足。我通过催眠技术帮助家长和孩子更好地沟通和理解对方,从而改善家庭关系。催眠可以帮助家长调整教育方式,增强与孩子的互动,同时帮助孩子理解家长的期望和要求。

认知行为疗法(CBT):在 CBT 的基础上,我加入了催眠技术,以提供更为全面的治疗方案。我通过催眠帮助患者深入探讨和调整负面思维模式,从而改善情绪和行为。

辩证行为疗法(DBT)：针对边缘型人格障碍患者，我在 DBT 治疗中应用了催眠技术，以帮助患者提高情绪调节和应对能力。我通过催眠帮助患者放松身心，减轻情绪波动，同时提供实用的情绪管理技巧。

展望未来：不断探索与创新

展望未来，我将继续在催眠领域探索和创新，力求将催眠技术与更多现代心理治疗方法结合，为患者提供更加有效的治疗方案。我准备在以下几个方面努力。

持续学习与研究：催眠领域的知识和技术不断发展，我将继续参加各种专业培训和学术交流，了解催眠领域的最新进展，并将其应用于临床实践。通过不断的学习，我希望能够了解催眠领域的最新动态，并将这些新知识应用于实际治疗。

技术创新与应用：我将探索催眠技术与新兴心理治疗方法的结合，如虚拟现实技术与催眠的结合，以提供更为创新和有效的治疗方案。通过技术的创新，我希望能够为患者提供更好的治疗体验和效果。

专业培训与传播：我希望通过举办讲座、培训班等形式，将催眠的知识和技能传播给更多的心理工作者，提升整个行业的催眠治疗水平。同时，我也计划撰写有关催眠的图书和研究论文，分享我的经验和研究成果，推动催眠领域的发展。

患者体验与反馈：我将不断关注患者的体验和反馈，根据他们的实际需求，不断改进治疗方法和策略。通过了解患者的需求和期望，我希望能够提供更为个性化和有效的治疗服务。

04 结语

　　成为一名成功的催眠师,是一个充满挑战和探索的过程。 从最初的好奇和幻想,到深入学习和实践,再到最终的专业成就,每一步都离不开对催眠的热爱和执着。催眠不仅是一种技术,更是一种深入内心的探索和改变。通过不断的学习和实践,我逐渐认识到催眠的真正意义,并将其应用于实际治疗,帮助了许多患者。

　　未来,我将继续在催眠领域不断探索和创新,力求为患者提供更为有效和全面的治疗方案。我相信,通过不断的努力和探索,催眠将在心理治疗和个人成长中发挥越来越重要的作用。

催眠，它不仅是一种治疗手段，更是一种心理探索工具。

催眠助人实现梦想，

疗愈是不变的初心

李金亮

睡眠心身科学术主任、主任医师，催眠践行者
精神科执业医师，司法精神病鉴定人
国际科学催眠大师汤姆·史立福亲传弟子

01 我的专业与心理服务密不可分

我从事临床医疗工作 37 年，在大内科（心血管、呼吸）工作了 9 年，转为做精神科医生 28 年。我工作兢兢业业，任劳任怨，在平凡的工作岗位上做出了一定的成绩，组织给予了我很多荣誉。个人 8 次获部队嘉奖；1998 年荣立三等功 1 次，5 次被单位评为"优秀党务工作者"；2012 年被某武警部队评为"心理服务先进个人"；2013 年经乐山市人民政府批准，入选首批乐山市学术和技术带头人；2021 年 5 月从部队退役，在乐山市中医医院睡眠心身科工作至今。

参加工作以来，我始终坚持全心全意为人民服务的宗旨和姓军为兵的服务方向，严格要求自己，认真践行当代医生的核心价值观，立志献身于医疗卫生事业，以救死扶伤为己任，千方百计为病员解除疾苦，急病人所急，想病人所想，积极救治心理疾病患者，给无数个家庭带去了欢乐和幸福。我在服役期间，先后受命负责 5·12 抗震救灾、4·20 抗震救灾等突发事件的医疗保障，利用专业心理知识，先后对 6500 名官兵和地方人民群众进行了心理调查及心理干预，制作多媒体课件，给灾区群众开展 20 余场心理健康讲座。我怀着对高原官兵的崇敬，带着首长的关怀与嘱托，深入西藏、四川藏区、新疆等地开展心理服务工作，克服高原反应等各种困难，累计行程 8000 多千米，直接服务官兵 25000 余人，满足了一线官兵的心理需求。**我坚决执行命令，贯彻指示到位，圆满完成任务，得到了驻地官兵的肯定和赞扬，为医院精神心理服务向基层延伸发挥了重要作用。**

我立足临床，紧跟国内外精神医学发展动态，将所学新知识、新技术运用于临床，积极总结经验，撰写学术论文，先后发表学术论文

37 篇，参与编写《突发事件现场应急救护》等 3 本书，武警官兵心理疾患的相关研究系列成果获武警部队科技进步二等奖，武警官兵个性特点研究成果、抗震救灾应急卫勤保障系列研究成果等获武警部队医疗成果三等奖，重大地震救援医学实用技术和军地联合卫勤保障研究成果获乐山市科技进步二等奖，对专业学术水平的提高发挥了积极作用。我利用媒体加强关于心理卫生工作的宣传和交流，多次被乐山电视台《卫生与健康》《话说乐山》《新闻天天报》栏目邀请作为嘉宾录制节目，被乐山人民广播电台邀请为听众答疑，为《三江都市报》《乐山广播电视报》写心理专业文稿，先后受邀到乐山市公安局、市法院、市纪委、嘉州监狱等 20 余个单位做了 30 多场心理健康讲座。**针对不同受众群体，我精心备课，每做一件事都脚踏实地、求真务实，给当地人民群众提供了精神食粮，扩大了心理卫生服务在本地区的影响。**

02 催眠与睡眠的认知误区

2021 年 5 月，我退役后在乐山一家三甲医院睡眠心身科担任学术主任。在我科的心理咨询门诊患者中，有睡眠障碍的患者占 50%。谈到催眠，人们往往把它与睡眠联系起来，不少来访者认为催眠就是睡眠、睡觉，因为睡不好才来找心理医生进行催眠治疗，希望医生给他（她）催眠后，让他（她）好好睡一觉。其实，催眠与睡眠既有联系又有不同。催眠是一种有意识状态下的高度专注和全身放松的状态，是在大脑潜意识活动中接受信息，催眠状态下人的脑波由兴奋的 β 波转为 α 波；睡眠是一种与觉醒状态对应的周期性交替出现的身心机能持续性下降的状态。人的睡眠分两种状态：一种是脑电波呈现同步化慢波(δ 波)的状态,常被称为慢波睡眠或非快速眼动睡眠(NREM),占比 75%～80%,以恢复体力为主。在此阶段,脑电图以慢波为主,无明显眼球运动,肌张力降低。另一种是脑电波呈现同步化快波(β 波)的状态,常被称为异相睡眠或快速眼动睡眠(REM),占比 20%～25%,以恢复脑力为主。在此阶段脑电图有锯齿波提示 REM 开始,α 波增多,伴有快速眼球运动,张力性肌电最低。人在异相睡眠期间,各种感觉功能减退,因此人此时比慢波睡眠时更难被叫醒。在此期间,被唤醒的大多数人都会报告正在做梦,而此时的眼珠转动较快,因此也叫快速眼动睡眠。睡眠开始,人首先进入 NREM(80～120 分钟),经过一段时间后进入 REM(20～30 分钟)。在整个睡眠周期中,NREM 和 REM 交替进行,一般每夜有 4～6 个交替周期。**睡眠是一种人不可缺少的生理现象,它对机体能量的积蓄和疲劳的恢复,尤其是大脑功能的维持和恢复有着重要的意义。**

催眠无论是在心理上还是生理上,都与睡眠不同,它是处于觉醒状态与睡眠状态之间的一种特殊状态。在睡眠中,人的意识消失,失去了对外界的感知。从生理角度讲,睡眠中大脑被全面抑制,但是催眠则不同,有大量的实验表明,在催眠状态下,人的大脑只是部分被抑制,被催眠者与催眠师之间始终保持着联系。催眠虽不是睡眠,但催眠状态可以转入睡眠状态,运用催眠技术可以帮助人们解决入睡困难问题和提高睡眠质量。那么,究竟什么是催眠呢? 关于这个问题,不同的心理学派有不同的解释,精神分析学派的创始人弗洛伊德认为,催眠是一种潜意识活动;生理心理学家巴甫洛夫认为,催眠是一种条件刺激作用下的部分睡眠或半睡眠状态;我国大多数催眠专家认为,催眠是一种特殊的意识活动状态。综上所述，催眠是一种特殊的意识活动状态，它既不同于觉醒的状态，也不同于睡眠状态，它是由暗示引起的被催眠者意识活动的特殊状态和躯体改变的现象。催眠术是一种将被催眠者导入催眠状态的技术。随着社会的进步和心理医学的发展，催眠术越来越多，它被应用于心理咨询和心理治疗，越来越被社会接受和重视。

03 催眠在心理治疗中的作用

随着社会进步和现代医学的发展，人类的健康观念和医学模式发生了根本性改变。人们越来越清楚地认识到，人的健康与生理、心理、社会三大因素密切相关，不仅仅是身体的健康，还应包括心理健康和社会适应良好等方面。催眠术的作用十分广泛，它不仅能治疗心理疾病，还能帮助人们改善睡眠、消除紧张疲劳、恢复体力和开发潜能、提高专注度、提高记忆力。总的来说，催眠的作用可以概括为以下几个方面。

1. 改善睡眠，消除疲劳。失眠是最常见的睡眠问题之一。睡眠障碍是睡眠的质和量不正常以及睡眠中出现异常行为的表现和睡眠觉醒节律紊乱的总称，它包括失眠障碍、过度嗜睡障碍、发作性睡病、睡眠呼吸相关障碍、昼夜生物节律睡醒障碍、NREM 睡眠唤醒障碍、噩梦障碍、REM 夜间睡眠行为障碍（梦游症）、不宁腿综合征、物质/药物所致睡眠障碍。应用催眠可将人导入催眠状态，使人得到很好的休息，在比较短的时间里消除疲劳、紧张、困倦，恢复生理机能，有很好的身心调节作用。

2. 培养兴趣，调动潜能。兴趣是人的心理倾向性因素，兴趣的不同，表明了人的个性倾向性的差异。职业兴趣会直接影响人的职业成就，同样，在学习活动中，学习兴趣对于学习的意义也非常重大。学习兴趣会直接影响学习的效率和学习成绩，部分学生认为学习乏味，起因是没有学习兴趣。在催眠状态下，被催眠者无条件地接受和服从催眠师的增强学习兴趣的指令和暗示，不仅能提高学习兴趣，还能充分调动其潜能。

3. **缓解考前焦虑，提高学习成绩。**考试可能会成为一些人的心理负担，造成考前焦虑和考试过程中产生紧张情绪，尤其是一些高考前的学生，他们的学习负担重，心理压力大，常出现失眠、头昏、心悸、烦躁，甚至心率加快、血压升高的现象。这是对高考的期望值过高和对考试的恐惧所造成的焦虑，这种不良情绪会影响发挥，导致考试考不好。防止考前焦虑的关键是消除紧张情绪，缓解心理压力，最有效的方法是心理疏导和催眠治疗。在催眠中，增强信心、稳定情绪、消除考前焦虑，让考生拥有平和的心态，提高考试成绩。

4. **治疗各类心理疾病。**催眠在心理咨询和心理治疗中的运用十分广泛。从催眠术的产生到布雷德给其科学的定义，到弗洛伊德将其用于精神分析，再到今天，它一直被用于心理咨询和心理治疗，甚至可以说它可以用于一切与心理因素有关的疾病的治疗。我们在治疗疾病时，要有整体治疗观，不能只看病而忽视心理干预。人类的疾病种类繁多，然而归结起来，无外乎四大类，即躯体疾病、身心疾病、心身疾病、心理疾病。躯体疾病是由生物因素导致的，如感冒、支气管炎、血液病等；身心疾病是由生理因素引起的心理疾病，如脑外伤、身体残疾、癌症等引起的心理疾病；心身疾病是由心理因素引起的身体疾病，如高血压、冠心病、糖尿病、厌食症等；心理疾病是由心理社会因素引起的心理疾病，如各种神经官能症、精神障碍、人格障碍等。四类疾病中除躯体疾病外，都可运用催眠治疗。

04 我为什么要学科学催眠？

在长期心理咨询、门诊实践中，我发现虽然药物治疗、心理治疗、物理治疗等都有疗效，但都不能完全解决临床中遇到的各种问题，比如在心理治疗领域中，我使用过认知行为疗法、精神分析动力取向疗法、合理情绪疗法（ABC理论）、系统式家庭疗法、求助者中心疗法等，但也遇到了瓶颈。心理咨询的过程就是助人自助、成就来访者梦想的过程。**医生治病救人，疗愈永远是治病的目标，也是我永远不变的初心。**

我间断接触催眠相关的短期培训已有近8年，也能用催眠治疗，但明白自己的专业水平不够高。由于忙于工作，我一直没时间去学习，2024年5月在余会平主任的推荐下，我才利用五一劳动节五天休息时间走进了孔德方老师的私房课堂，学习科学催眠，让我颠覆了过去对催眠的认知。感恩孔德方老师将科学催眠倾囊相授，我收获颇丰，受益匪浅，看到同道们、同学们在不同岗位上的出彩表现，我信心倍增。7月，我参加孔德方老师科学催眠教练提分班的培训。8月，我很幸运参加了世界著名催眠大师汤姆·史立福亲授的科学催眠治疗大师班的培训，让我开阔了视野，增长了知识，结识了来自全国各地热爱催眠技术的精英们。我学习到了世界上先进的科学催眠技术，让我在用催眠技术治疗时更加自信。

学成归来，我利用工作日两个半天的咨询时间做催眠小流程练习治疗，周末对有强烈愿望进行催眠治疗的患者进行催眠大流程治疗，按规范程序进行。按照孔德方老师给我指明的细分方向，我重点在睡眠方面进行探索。

失眠是一种较为普遍的现象,失眠、失眠症、神经衰弱都是以失眠为特征的,但从医学心理学的角度看,失眠、失眠症、神经衰弱有很大的不同,甚至有质的差异。所谓失眠,就是睡不着觉或再睡困难,往往发生在人过度兴奋、有心事或者有思想压力的时候。失眠症,指较长一段时间的失眠,主要是因为某件事情的困扰而失眠。神经衰弱是神经症的一种形式,表现为记忆力减退,萎靡不振,食不甘味,体质变差,严重时会出现胸闷、气短、心悸、敏感、恍惚等现象。神经衰弱多表现为对睡眠的恐惧而失眠。根据《中国失眠障碍诊断和治疗指南》,慢性失眠障碍需要进行规范治疗,短期失眠障碍需要积极治疗,早期进行心理行为干预和(或)药物治疗,防止短期失眠障碍转为慢性失眠障碍非常重要。在失眠障碍的治疗过程中,一般需要每个月进行一次临床评估,必要时进行多导睡眠检测,目前我科有六台睡眠监测仪提供监测保障。目前失眠障碍的治疗有心理治疗、药物治疗、中医药治疗、物理治疗和综合治疗等。**在心理治疗中,催眠治疗对失眠症、神经衰弱来说是一种非常有效的手段。**

05 科学催眠的未来展望

展望未来,随着科技的进步和社会的发展,科学催眠技术必将迎来更加广阔的发展前景。对精神科医生而言,只要是与心理因素有关的疾病和问题,都可以通过科学催眠技术进行调整治疗。可以根据不同个体的心理问题和心理需求目标,制订个性化的催眠治疗方案。**但在这里,我必须强调,科学催眠治疗的适应证虽然很多,但它不是万能的,它不能包治百病,疗效也不是百分之百。**心理咨询和心理治疗的原则是"助人自助",催眠治疗在整个心理咨询或治疗过程中起着一种特殊的和辅助的作用，不能把它作为唯一的治疗手段。催眠之路是一段挑战与成长并存的旅程，懂得催眠——会用催眠——用好催眠的路注定是不平凡的，需要每一个喜欢催眠、热爱催眠的心理工作同道共同努力，在各自的岗位上用科学催眠等专业技术为更多需要帮助的人提供心理服务，为国家心理服务体系建设贡献自己的力量。

催眠无论是在心理上还是生理上，都与睡眠不同，它是处于觉醒状态与睡眠状态之间的一种特殊状态。

科学催眠为

我的人生加分

赖美华

科学催眠提分导师
国家三级心理咨询师
国际科学催眠大师汤姆·史立福亲传弟子

　　大家好,我是福建龙岩的心理咨询师赖美华。2015 年,我考了心理咨询师证书,但是没有人带领我进行心理咨询的实操练习,全靠自己摸索,成长比较慢。

　　2017 年,我接触了李胜杰老师的催眠课程,对催眠有了初步的了解。2020 年,我认识了科学催眠标杆会员李新华老师,学习了他的家庭催眠师课程,听了很多成功案例,深深地感受到了科学催眠的神奇魅力。李新华老师在学校当历史老师,同时兼任心理老师,用科学催眠帮助很多家庭越来越幸福。很多孩子在学校经过她的催眠,成绩直线提升。她的女儿通过催眠提分 100 多分,这让我非常兴奋。我女儿读八年级,我想如果我好好学习催眠,可能第一个受益的就是我女儿,还能帮助更多的孩子提分以及治疗抽动、抑郁等心理疾病。

　　我的心愿种子种下之后,我回到福建龙岩一个月后,就开始开展家庭催眠师的培训,至今已经开展了 15 期,得到了很多家长的认可。我女儿中考的时候,通过一个月的催眠以及她自己的努力,她的成绩提高了 50 多分,我辅导的 5 个孩子都提分了 50 分以上,最高的有 110 分。这些成果让我更加笃定要把科学催眠学好。

　　2023 年,当汤姆·史立福老师来到中国的时候,我非常兴奋,现场跟随汤姆·史立福老师学习了七天的技术,感受到了科学催眠技术的巨大魅力。学习完回来,我在个案的处理中运用这些技术,发现效果非常好。

　　接下来,我分享几个科学催眠的案例。

01 案例1：集体催眠两次，孩子高考进步一万名

考生小郑在当地最好的高中上学，由于高考前的质检考只考了543分，她伤心、难过、很无助，她的母亲找到我寻求帮助。小郑之前有来催眠过，但是对催眠还是不太相信，我的建议是我去孩子班上上心理减压课，给孩子讲催眠原理，让她现场体验催眠放松训练，这样孩子对催眠产生信任以后，就会愿意来做个案。

果然，和班主任沟通后，我在孩子班上进行了两次集体催眠，她的同班同学都非常喜欢催眠放松训练，小郑也愿意来做个案。由于时间关系，她只做了一次个案。高考的成绩出来了，出乎意料，小郑的成绩从质检考全省排名一万六千多名提升到高考全省排名六千多名，足足进步了一万名，同时她的班级排名也从质检考年级段排名倒数第二提升到高考年级段第二。她的父母在5月份参加了我的科学催眠高考训练营，他们每天晚上睡前给孩子做正向催眠，在生活中用正向的语言鼓励孩子，父母和孩子的情绪更加稳定，这样小郑就可以用更好的心理状态去迎接考试。

02 案例2：休学两年的孩子复学

上小学五年级的小李，因为上二年级时在班上和老师发生冲突后，不愿意上学，加上父母在催促其上学的过程中打骂他，小李就更不愿意上学了。小李在其他心理机构做沙盘游戏一年，没有效果，后来父母经人介绍带着小李来我的工作室，当时孩子躲在父母背后，不敢看人。经过7次催眠，这个孩子可以到学校门口去（之前经

过学校都害怕）。第 10 次催眠后，他开始补习。第 30 次催眠后，他恢复上学，更加自信和勇敢，性格也越来越开朗。刚开始的催眠训练不是在工作室进行的，而是带着孩子去锻炼，比如跑步，让孩子有自信、更加勇敢。让他有了价值感和成就感之后，再让他坐下来，对他进行简短的五分钟放松催眠暗示。慢慢地，他可以在咨询室进行对话和催眠训练。**后来，这个孩子非常喜欢来咨询室催眠，并愿意回校上课，催眠确实有效。**

03 案例 3：中考小组催眠，孩子们提分 50—110 分

2022 年中考前 3 个月，我开始对 11 个孩子进行科学催眠训练，其中 8 个是一对一的训练，另外 3 个是小组训练。每周进行催眠训练一次，每次月考后进行成绩的对比，每一个孩子的成绩都稳步提升，孩子们越来越有信心。

小廖同学采用一对一个案催眠提升英语成绩。刚来的时候，他的英语不及格，只有 70 多分，不喜欢背诵英语。经过催眠前谈话，他给自己设定目标，同时找到背诵英语的动力，再进行催眠放松训练。第一次催眠后，他的英语成绩在一周内就提分 10 分，一个月后英语月考提分 30 分，中考提分 53 分。

小陈同学参加了小组催眠，和他哥哥一起来的。刚开始，他抱怨同学、老师、父母，负能量多，催眠时坐不住，扭来扭去，感觉在对抗催眠。有时候，他哥哥刚开始催眠就打呼噜，引得他一直笑。后来，他进行一对一的训练后，专注力提升了，记单词的速度非常快，他同时参加了李新华老师的催眠训练营，一天背诵 350 个英语单词，

中考成绩提升了 110 多分。

04 | 案例 4：2024 年高考取得好成绩

2023 年，我在当地最好的高中进行家长高考讲座 4 次，主要围绕如何催眠提分，让家长通过学习做到情绪稳定以及创造良好的家庭氛围，为孩子高考助力。我们知道，心理状态很影响成绩，所以家长要调整情绪，避免把不良情绪传染给孩子。

2024 年 4 月，我给四个班级的孩子进行了 2 次集体催眠放松训练，孩子们明白了催眠原理，同时运用考前自我催眠暗示让自己情绪稳定、头脑清晰、思维敏捷、充满自信地参加高考。他们反馈自我催眠暗示训练特别有用，因为正向暗示可以让自己控制大脑，同时放松训练让自己睡得更好，上课的专注力提升，心理状态非常好。高考成绩出来后，同学们一个个来报喜，好多人超常发挥，有些考上北京大学、中国人民大学、哈尔滨工业大学、东南大学等 985 大学，有些考上 211 大学。**我作为科学催眠师特别有价值感和成就感，对科学催眠更加热爱，想支持更多的孩子心想事成、梦想成真！**

05 | 案例 5：用催眠帮助抑郁青少年

来访者小张读九年级，因为人际关系不去上学有三个月了，妈妈很着急，带着她来咨询。妈妈哭得稀里哗啦的，孩子没有任何反应。当我单独和孩子聊的时候，了解到她父母的关系不太好，经常吵架,她也不太会处理人际关系,在学校没有好朋友,很孤独。第一次咨询,我先调整孩子的认知,孩子慢慢地可以主动去找同学玩。在第二次到第四次咨询中,主要处理沟通障碍中的不愿意表达,在催眠状态中让孩子感受到自己可以表达想法和感受,和同学们关系融洽。人缘越来越好,孩子也越来越自信。第五次咨询后,她开始去上学,这时候已经是 4 月份了,功课落下了一些,但是她通过催眠建立自信,有了学习动力和遇到困难时勇敢面对的信心,最后中考考了 500 多分,上了当地一所重点中专。她妈妈非常开心,毕竟请假那么久,孩子有这个成绩已经知足了,更重要的是孩子对未来的人际关系处理少了很多的恐惧,多了一些自信和勇敢。

当你对科学催眠足够信任的时候,你在使用时会非常有底气,咨询师有底气,来访者才会更好地去配合。当孩子感受到催眠的效果的时候,他就会越来越愿意催眠,从而走出困惑。科学催眠为我的人生加分,相信你只要相信它,你也一样可以得到很大的收获。

当你对科学催眠足够信任的时候，你在使用时会非常有底气，咨询师有底气，来访者才会更好地去配合。

如何成为一名
优秀的催眠师？

吴梓玥

科学催眠提分导师
6s学习策略师、中级社会工作师
国际科学催眠大师汤姆·史立福亲传弟子

我从事一线教培工作十多年了。教育一直是我最喜欢的工作,我喜欢和孩子们相处,喜欢他们的天真、他们的单纯,用心和他们交往,陪伴着他们向上生长。我快乐着他们的快乐,痛苦着他们的痛苦。在孩子们心中,我就是最懂他们的老师。

疫情对做教培的我来说是危机,我开始思考教育这条路接下来该如何走。当时,我遇见了马春树老师,被马老师的动力催眠讲座深深吸引,我觉得这就是我想要找的东西,它可以帮孩子解决问题。

从 2021 年开始,我坚持学习动力催眠。出于对催眠的热爱,我想在这条路上更加深入地学习与探索,于是我学习了科学催眠,跟着世界级催眠大师汤姆·史立福老师学习催眠。经过这几年的学习,我就如何成为一名优秀催眠师谈谈自己的看法和体会。

01 优秀催眠师具有大爱

在工作室中,来访者向催眠师敞开心扉,完全跟从催眠师的指引,进行潜意识的深度交流。如果来访者有防御心理,那么在训练过程中会出现阻抗,一切阻抗都会影响咨询效果。当来访者足够信任你时,你不得抱有其他念头,只需尊重对方,去发现来访者的闪光点,看到来访者积极正向的一面,支持他,让他自己从低迷状态中走出来。

一个催眠师的起心动念很重要,这将决定催眠师将来访者带向何方。催眠师遵守心理咨询师职业操守,牢记保密原则,这是基本的要求。在我踏入催眠行业时,我就是单纯地想去赋能孩子。我坚持不越界,在测试个案时,我严格遵守测试原则。对于超出能力范围的个案,我坚决不接。我认为这是对个案负责,也是对自己负责。我不是救世主,没有能力去拯救所有来求助的孩子。测试完了,我让家长自行决定是否继续训练,这也是我对他们的尊重。

02 优秀催眠师是自信的

一个优秀的催眠师,我觉得他的自信来自技术层面,技术精湛、能真正帮来访者解决问题,这是非常关键的。

技术是立足之本。你说得再好,来访者没有很好的体验,看不到很好的效果,就会终止训练,更谈不上转介绍了,因为你根本解决不了问题。在技术方面,我一直在提升我自己,我专心学习了动力催眠、科学催眠,后来跟着世界级催眠大师汤姆·史立福学习。每学一门技术,我都特别痴迷,不停地练习。

每天的技术练习很重要,因为催眠师需要有很强的体验感。从学习催眠以来,我每天坚持训练,保持自我状态的稳定性。我大量地积累个案,个案数据库越来越大,对新的个案就更加自信了。

当一个催眠师自己都没有信心时,来访者怎么会对催眠师产生信心,又如何将催眠顺利地进行下去? 例如,催眠师说:"我现在对你实施催眠术,至于能不能成功,我没多大把握,当然我会尽力去做好。"这样的表述,已经在很大程度上决定这次催眠是不成功的。

催眠术的成功,从本质上来看,就是催眠师的意志战胜了来访者的意志,进而发生心灵上的感应,最终催眠师对来访者的意志进行全面控制。例如,催眠师可以说:"我曾经给许多人做过催眠术,他们都很容易进入催眠状态。经过测查,你和他们的情况差不多,所以你也不会例外。现在我对你实施催眠术,你很快就能进入催眠状态。"

催眠师的自信来自自我稳定的情绪状态。我始终认为,当一个优秀的催眠师是不容易的。催眠师的潜意识里本身就应该没有多少卡点，催眠师才能有力量引导来访者发生潜意识的改变，比如，催眠师的家庭关系处理得不错，能正向看待问题，找到来访者的价值，将其和来访者的愿望联系起来，从而很好地激发来访者的潜意识力量。

催眠师每天要自我觉察，让自己保持一种稳定的情绪状态。只有来访者感觉到环境是安全的，催眠师是值得信赖的，他才会把自己敞开，化解阻抗，跟随催眠师的引导，进入催眠状态，从而进行意识和潜意识的自我交流，从负面情绪状态转向正向积极的情绪状态。

03 优秀催眠师是正能量的

正能量是什么？正能量就是用非语言信息传递给别人正气。一个正能量的催眠师，气场是不一样的。

04 优秀催眠师是保持中立的

在个案中，催眠师要保持中立的、客观的态度。在催眠前谈话环节，催眠师不带任何主观想法去看待个案，关心坐在催眠师面前的来访者，关注他的一举一动，察觉他的每一种情绪。这会带给来访者很大的力量。

05 优秀催眠师是具有权威性的

在做个案时，催眠师应当是非常具有权威性的。催眠师发出的每一个指令都直接明了，没有半点的犹豫和含糊，声音很浑厚、有力量，让来访者听了舒服。

06 优秀催眠师具有成长型思维

催眠师是需要不断自我成长的,要不断完善自己的技术和知识结构,具体包括:

透彻地理解催眠术的基本原理,掌握操作的全过程,对催眠状态的典型特征了然于胸,能妥善处理催眠过程中的突发事件,娴熟、准确地运用暗示语,洞察来访者的种种反应,能恰当地控制自己的姿态、神情、语音、语调和节奏,不断学习生理学知识、心理学知识、法律与伦理道德知识。总之,催眠师是在不断精进中成长的,跨越一个又一个难关,勇敢地面对所有的挑战。

07 优秀催眠师很注重自己的服饰和态度

催眠师的服饰与态度对来访者来说是一种重要的暗示源,所以催眠师对自身的形象要求比较高,服饰要整洁和庄重。当然催眠师不必刻意装扮自己,比如过分地装扮或者穿戴奇异的服饰。催眠师的态度对来访者的暗示力量更为强大,所以催眠师在整个过程中一般都会和蔼可亲、从容不迫和真诚。

要成为一名优秀的催眠师,那是需要长期不懈努力的。

催眠术的成功，从本质上来看，就是催眠师的意志战胜了来访者的意志，进而发生心灵上的感应，最终催眠师对来访者的意志进行全面控制。

差点与催眠失之交臂

孙九英

青少年心理咨询师
科学催眠提分导师
国际科学催眠大师汤姆·史立福亲传弟子

回望过去十四年,时间仿佛被施了魔法,既漫长又短暂,每一刻都镌刻着不懈努力的印记。从初为人母的焦虑与期望,到面对孩子成长过程中的困惑与反思,再到毅然踏上心理咨询与催眠学习之路,每一步都凝聚着勇气、坚持与自我超越。我不仅是在为女儿寻找解决之道,更是在为自己、为所有面临相似困境的家庭点亮一盏明灯。**我用催眠技术打开了一扇通往青少年心灵深处的大门,帮助他们面对挑战,释放潜能,重拾自信与阳光。**

十四年前,2011 年,我的女儿刚进入小学。在那个充满希望的起点,如同众多深爱子女的父母一样,我心中满是对孩子未来的美好憧憬。在同事孩子优秀学业的影响下,攀比心与好胜心悄然滋生,我对孩子的期望不自觉地攀上了高峰——清华、北大,至少浙大,成了我心中为女儿暗自设定的目标。这份沉甸甸的期望,如同一座无形的山,悄然压在了我与孩子共同前行的道路上。它让我对女儿的学习成绩格外关注,以至于在某些时刻,那份苛求甚至超越了对孩子努力与进步的认可。记得那一天,夕阳的余晖洒在回家的路上,我带着一天的疲惫踏入家门,女儿如同春日里的一缕清风,满心欢喜地迎上前来,手中紧握着那份对她而言意义非凡的试卷,"妈妈,你看,我数学考了 100 分,语文考了 95 分!"她的眼眸中闪烁着自豪与期待,渴望得到我的肯定与赞扬。然而,那一刻,我的心却被过高的期望蒙蔽,未能及时捕捉到孩子眼中的光芒。我的话语如同冬日里的寒风,不经意间吹散了她的喜悦,"这 5 分去哪了? 怎么会丢了 5 分? 赶紧去看书。"

如今回望,那段记忆或许带着几分苦涩与遗憾。但正是这样的经历,让我深刻反思自己的心态与教育方式,为我日后的转变埋下了伏笔。它教会了我,真正的爱与支持应当是理解、鼓励与陪伴,而非只看分数与排名。这份领悟成为我踏上科学催眠之路,用更加温和而有效的方式帮助青少年成长的宝贵财富。

那时的自己并未意识到教育方式的不当,直到女儿出现了明显的变化——自信消失、笑容不再、学习成绩下滑,甚至家庭关系也因此受到影响。这些迹象如同警钟一般,让我深切地感受到了痛。这种痛不仅来源于对女儿现状的担忧,更源自内心深处的自我责备与觉醒。正是在这样的背景下,我做出了改变的决定,走上了青少年心理咨询的道路。这条道路虽然充满挑战,却也让我有机会深入了解更多家庭的故事,帮助那些同样处于困惑与挣扎中的家长。

在后续的个案咨询中,我逐渐学会了如何站在家长的立场,理解他们所处的阶段与面临的压力,从而提供更加有效精准的支持与建议。我用自己的经历告诉世人,每个孩子都是独一无二的,他们追求的不仅仅是分数与排名,更是来自父母的理解、支持与鼓励。而家长自身也需要在不断的学习与反思中,成长为更加成熟、理性的教育者。如今,当我再次回望那段经历,或许仍会有些许遗憾,但更多的是对未来的坚定与希望。因为我知道,自己已经走在了正确的道路上,用自己的专业知识与爱心,帮助更多的家庭走出困境,迎接更加美好的明天。

在女儿上四年级时,她成了一个自卑、害怕犯错、成绩下滑的孩子。我没有沿用过去打骂恐吓的方式,而是选择了有效陪伴,这无疑是我的教育理念的一次重大转变。我开始关注女儿的情绪变化,努力培养她的自信心,这一过程虽然漫长且充满挑战,但我的坚持与努力最终换来了女儿的自信与阳光。

在这三年里,我与丈夫之间有过争执与分歧,但我始终坚守着对女儿的爱与责任,用实际行动证明了教育的真谛——不仅仅是追求分数，更是心灵的滋养与成长。当女儿以倒数第二的成绩从小学毕业时，我并没有过分在意这个成绩，而是更加关注她的心理状态与自我认知。这份从容与智慧，正是我作为母亲与教育者的最大成功。如今，看着女儿自信、阳光、活泼开朗的样子，我的心中充满了欣慰与自豪。这段经历不仅让我成为一个更加成熟、理性的家长，也让我在青少年心理咨询领域积累了宝贵的经验与洞见。我深知，每个孩子都是独一无二的，他们需要的不仅仅是知识的灌输与高分，更是情感的关怀与心灵的陪伴。未来，无论是继续深耕青少年心理咨询领域，还是将这份爱与智慧传递给更多的家庭，我都将以更加坚定的步伐前行。**因为我知道，每一次成长与改变，都是为了遇见更好的自己与更美好的世界。**

在面对女儿教育挑战的过程中，我不仅帮助她建立了自信和良好的学习习惯，还通过自己的学习和努力，最终找到了能够更好地帮助学生的方法——动力催眠。初中时期，虽然女儿被分到了年级中最差的班上，但她开始主动重视自己的成绩，并在我的情绪疏导和支持下，逐渐取得了进步。这一过程中，我不仅扮演了听众的角色，更成为女儿心灵的港湾，让她在遇到困难时能够有力量去面对和解决。随着女儿进入九年级并取得优异的成绩，我开始更加关注如何帮助更多像她一样面临中高考压力的学生。这个念头的产生，或许正是我在潜意识中种下的"因"，它驱使我重新了解并深入学习催眠技术。疫情期间的六个月，我将动力催眠的证书课内容写成逐字稿，为我后续的催眠学习打下了坚实的基础。最终，我与催眠的缘得以延续，我不仅完成了初阶学习，还开始接个案，将催眠技术应用于实践中。这一转变不仅是对我个人成长的一次肯定，更是我作为教育者帮助学生的体现。现在，我已经掌握了催眠这一有力工具，可以更好地帮助那些面临压力和挑战的学生。

无论面对多大的困难和挑战，只要我们保持学习的热情和坚持不懈的精神，就一定能够找到解决问题的方法，并帮助自己和他人实现成长和进步。

命运的齿轮在不断地转动，将我引领至一条以催眠为事业，以助力青少年成长为己任的道路上。我的工作室成立、动力催眠中阶的学习、个案督导的参与以及为女儿提供的催眠训练，都见证了我在这一领域的深耕与成长。特别是女儿在高考中取得优异成绩，进入理想的大学，更是对我教育方法和催眠技术有效性的最好证明。

然而，在2024年中考结束后，一个来访者的中考成绩对我有非常大的触动。我内心特别想帮她，但她的中考成绩不理想。这让我感受到了压力并开始自我怀疑，促使我不断反思与自省，寻求进一步的提升。我决定再次出发，学习更多知识，接触更厉害的催眠老师。这种不断渴求进步的精神，让我认识了孔德方老师，并报名了汤姆·史立福老师的课程，成为他的亲传弟子。这将让我掌握更多的知识与技能，让我在催眠领域有更深入的理解和更广阔的视野。

我在2024年8月学习归来后，不仅拥有了崭新的工作室，更将所学技术成功应用于实践，赢得了家长和孩子们的广泛好评。这不仅是对我个人努力的肯定，也是对我选择成为汤姆·史立福老师的弟子正确性的证明。在催眠这条既充满挑战又极具意义的道路上，我深知自己只是刚刚起步，前方还有很长的路要走，有很多的坎坷与荆棘等待着我去克服。这份清醒与自知，让我更加珍惜每一次学习的机会，更加坚定地迈出每一步。

现在，我引用一段话来结束分享："远离喧嚣，保持内心的清醒与宁静；做好自己，不断提升自我修养与能力；宽容别人，以包容的心态面对世间的种种不同。同时，低配自己的生活，追求内心的富足与平静；高配自己的灵魂，不断追求知识与智慧的提升。"这不仅是对中年人生活态度的精辟总结，也是对催眠师生活状态的生动描绘。这正是每一位催眠师应追求的生活境界，也是我会践行的生活哲学。愿我在催眠这条道路上越走越远，用我的智慧与爱心为更多的人带去改变。同时，也祝愿我在未来的日子里，能够保持这份清醒与努力，不断提升自己的灵魂高度，成为一位更加优秀的催眠师和人生导师。

在催眠这条既充满挑战又极具意义的道路上，我深知自己只是刚刚起步，前方还有很长的路要走，有很多的坎坷与荆棘等待着我去克服。

将兴趣爱好转化为事业

唐懿蕾

科学催眠提分导师
清华大学积极心理学指导师
国际科学催眠大师汤姆·史立福亲传弟子

我是一名小学心理教师，有二十五年教龄。不是因为我喜欢做一名人民教师，而是因为我妈妈觉得这份工作不错，便让我报考师范学校，做她喜欢的工作。

直到有一天，我看到一本关于儿童心理学的书，让我对心理学产生了浓厚的学习兴趣。从此，我便开始了长达近二十年的心理学课程的学习。为了学习更专业的课程，我跟多所高校的心理学硕士导师学习心理学理论基础以及咨询技巧，如精神分析、认知疗法、行为治疗、焦点解决治疗、绘画分析、正面管教等。因为在学校工作，我有机会在工作中去应用心理学知识，看到学生和老师们的变化，我更加坚定信念，要把最有效的技术学到手，帮助大家。

2018 年，我开始学习催眠课程。我学习过动力催眠的证书课、初阶课程、中阶课程，并开了自己的工作室，但是总觉得不能靠一套流程打天下，便在网上开始寻找美国催眠动机学院课程的中国被授权方，有幸与孔德方老师结缘，学习了真正的科学催眠课程。

2024 年 8 月，又一个改变我人生的机会来了。在孔德方老师的促成下，我走进我的另一个导师——世界催眠大师汤姆·史立福老师的课堂。这使我的催眠技术有了很大的提升。在众多技术当中，最吸引我的是汤姆老师的 EEG 技术和 ERT 技术，它们让我改变了令我最头疼的那个来访者。

那是一名厌学的孩子，他父亲带着他去过很多地方，用了很多治疗方案都不见效，经人介绍，他来到我这里。我为他做了 6 次催眠训练，在让他的情绪稳定、增加他的内在动力方面取得了一定的效果，但是这个孩子还是没有回到学校上学的想法。后来，我只实施了一次情绪重置疗法，第三天他主动来找我，告诉我他想上学，找回那个真正的自己。这对我是很大的鼓励，同时也增强了我对这项技术的信心。此外,我在学校得知,有很多老师站在讲台上或者在台前讲话时,会出现紧张焦虑、身体僵硬、声音颤抖、头脑一片空白的怯场状态,我便先后为十三名同事实施了情绪重置疗法,都有显著的效果。

潜意识,这个神秘的内在世界,如同海底的暗流,悄然无声却强而有力地影响着我们的人生轨迹。它又像一位无形的舵手,在我们的意识未曾察觉之时,悄然决定了我们的选择、情绪和行为。

一天早晨,我接到一个求助电话,一位母亲哭着和我介绍自己孩子的情况。她的孩子是一名高中生,其奶奶、父亲、姑姑都有抑郁症。她为了给孩子一个好的生活环境,从孩子六岁开始就独自一人精心养育。从小学到初中,孩子都是品学兼优的学生,很少让妈妈费心。九年级上半年的一次考试,孩子考了班级第五名,老师却只表扬前四名。渴望得到老师认可和表扬的孩子努力学习,下一次考试考了第四名,老师却只表扬前三名。从此,孩子没有了学习动力和学习兴趣,成绩一落千丈,没有考上重点高中,并出现抑郁症状,被医院确诊为抑郁症患者。高一上学期,每次进学校大门后,她都呕吐不止,躯体化现象严重。当我见到她时,严重的心肌缺血让她的皮肤看上去没有一点血色,目光呆滞。她和我说得最多的一句话是:"我不想这样,但我什么也做不了。"只要她还有想变好的意愿,我就有信心能帮助她。

经过 5 次催眠训练,她返回学校上学了。第 8 次催眠训练时,她在没有药物干预的情况下,心肌缺血的情况有很大的改善。刚重返校园时,她的成绩排在班级的第 41 名;第 12 次催眠训练时,她的成绩回到了高一入学时的班级第 24 名;第 18 次催眠训练后,学校组织了期中测试,她考了班级第 8 名,家长和孩子都激动得哭了。催眠训练没有停止,她还给它起了个名字,叫"快乐学习法"。她的课堂专注时间从 20 分钟延长到 40 分钟,记忆力也有很明显的提升,大大提升了学习效率和学习成绩。高三时,她取得了班级第一名的成绩。

这件事让我体会到,潜意识决定着我们的人生方向。我们的梦想、目标和追求,往往都是潜意识中自我认同和价值观的体现。当我们意识到这一点时,就能更加清晰地认识自己,从而更好地掌握自己的人生。

2024 年 10 月 1 日,我组织了专注力密训营。当我和来工作室训练的学生家长们提起此事时,他们纷纷报名。我知道这是家长对我的信任。通过五天的密训,孩子们的脑波都有了很大的变化,情绪变得稳定了,学习压力变小了,专注力明显提高了。结营时效果得到了家长们的认可。

现在,初中的孩子们竞争都很激烈,学校希望帮助学生减压提分。我收到一所中学的邀请,为学生们做团体催眠提分训练,具体是为八年级、九年级每个年级三十名学生(年级排名第 50 名到第 80 名的同学)做团体训练。最后,看到这些孩子成绩上的变化,没参加的孩子家长通过各种办法联系我,寻求帮助,因为人数过多,我计划开设家庭催眠家长提分班,让家长成为孩子的专属催眠师,在增进亲子关系的同时,还能帮助孩子调整状态。

我很幸运,与之前的一些同学相比,我是成功的。我们因为同样的兴趣爱好走进同一个课堂,又因为不同的课程选择做不同的工作。学了科学催眠,我才有做催眠师的技术与底气。不知不觉中,我已经把自己的爱好转化为了事业,不仅实现了经济独立,更重要的是,我找到了实现个人价值的途径。正是因为喜欢,才能全身心投入自己喜欢的事情,还能在工作中找到更多的乐趣和满足。同时，我也意识到，只有不断学习和进步，才能在这个竞争激烈的行业中立于不败之地。

如果你也有兴趣爱好，不妨尝试转化为事业，体会那份幸福和自豪。

潜意识，这个神秘的内在世界，如同海底的暗流，悄然无声却强而有力地影响着我们的人生轨迹。

催眠"小白"在路上

刘 杰

科学催眠提分导师
中学高级生物教师
国际科学催眠大师汤姆·史立福亲传弟子

01 探索之旅

从 2005 年开始,我身边有一些亲朋好友考了国家二级心理咨询师证书。在担任高中班主任期间,我邀请这些取得证书的亲朋好友到班上开展团体心理辅导活动,随后的几年间,我所带班级在本校同层次班级中的高考成绩一直名列前茅,这使我对心理学产生了浓厚的兴趣,成为一名心理学爱好者。

从 2012 年开始,我跟随这些好友参加一些关于传统文化、家庭教育、心理学的短期学习活动,并将自己学到的一些浅显理论应用于班级管理。令人欣慰的是,一些同学因此在高考中受益,例如,2015 年高考,我接手仅一年的班级取得了最高分 645 分,并且共有 4 人达到 600 分以上的好成绩。这在本校的普通平行班中,创造了最高分及高分人数的新纪录。

有鉴于此,学校开始特意将一些表现较为极端的学生安排到我的班级,例如,有位同学高中三年几乎一上课就睡觉,连校长都无法叫醒他;还有一位在当地中考名列前茅的同学,高一下学期却不再来学校了。在 2016 年 9 月高二重新分班的时候,经家长申请,学校同意,他们都被安排进入我的班级。如何有效陪伴这些特殊学生成长? 这对我的个人能力提出了更高的要求。

为了更好地服务学生和家长,我开始参加更多的学习活动,主要包括面向家长的家庭教育指导和面向学生的学习策略指导,例如,对于上述两位同学,我不仅利用课余时间单独陪伴他们,还对他们的家长进行了指导。当 2018 年高考成绩公布时,那位高中几乎睡了三年的学生,第一个给我打电话报喜,非常开心地说他的高考成绩超出了本科录取线；而那位高一下学期就不愿意上学的学生，尽管在进入我的班级以后，到校学习的时间并不十分规律，但高考成绩仍超过了当年的一本线。

随着学习的深入、个人的成长以及出于工作的需要，我开始了更加专业的心理学学习，一方面参加了社会工作师考试，一方面参加了国内某大型心理平台的远程培训。通过这些学习，我能够更好地倾听来访者的叙述，理解和尊重他们的想法、行为，接纳和理解他们的情绪。2021年，我开始应用所学技术，在学校带领学生成长团体开展活动，使团体成员的高考成绩都有了不同程度的提升。在2023年高考中，成长团体中的一位同学从3月份省质检考总分540分左右，提升到高考总分600分。

在带领团体成长的过程中，我深切感受到了高中生面临的困难，那就是学业过于紧张，课余时间稀少。我组织的团体活动经常受到学校课程安排的影响，难以按照预定计划顺利完成，这在一定程度上影响了学生成长的效果。因此，寻找一个能够在尽可能短的时间内促进学生成长，特别是能提高学生高考成绩的心理学方法，成了我的重要目标。

02 奇妙结缘

2024年2月，在远程培训的同学群里与其他同学进行交流时，我提及了自己面临的困惑。有一位同学向我推荐了HMI科学催眠，我立即搜索孔老师的信息，并关注了"科学催眠传播推广中心"服务号。孔老师从3月1日起组织了持续31期的科学催眠读书会。当时我还在进行平台的远程培训，培训时间与读书会的直播时间有时会发生冲突,但只要时间允许,我都会参加读书会的直播,并与各位主播积极互动。

虽然 31 期读书会直播,我实际只参加了 20 多期,却给大家留下了每期都参加的印象。在读书会上,我还意外地发现了大师姐李新华老师。我所任教的学校曾经邀请过李新华老师为家长开设讲座,当时她讲座的主题就是科学催眠,我有幸聆听了。遗憾的是,当时我只是一名爱好心理学的班主任,还没有向心理专业发展的想法,所以与李新华老师结识之后,没有进一步联系她并了解科学催眠。

虽然有点遗憾,但也许这就是最好的安排。我再次接触到有关催眠的信息时,能快速做出决定。在读书会的直播中,我得知 2024 年 8 月在郑州有汤姆·史立福老师的亲授课程,而且这可能是汤姆老师最后一次来中国,我深知不能再错过这个机会了,于是在读书会的直播间里反复强调一定要参加。

孔老师赠送给我汤姆老师 2011 年首届科学催眠大师班的完整视频、孔德方科学催眠私房课以及孔德方科学催眠模压班的全程录像。在参加 8 月份的课程前,我反复观看汤姆老师 2011 年首届科学催眠大师班的完整视频,对科学催眠从理论到技术方面都有了更直观的认识,并且开始在脑海里构思如何将科学催眠的技术应用到学生身上,帮助他们科学提分,实现高考目标。

03 学习体验

7 月 31 日,怀着对课程的向往和憧憬,我经过 12 小时的旅途奔波,在规定报到时间结束前 5 分钟赶到了会场。在报到签名处看到汤姆老师大幅海报的那一刻,我仿佛被老师的独特魅力瞬间催眠。

8月1日,课程正式开始。汤姆老师对邀请他来中国授课、把科学催眠引入中国的"三剑客"表示感谢,十分谦逊。讲授理论时,他对科学催眠含义的讲解深入浅出,简明易懂;拆解技术时,清晰明了,风趣幽默且注重细节;进行长笛演奏时,他展示出比在场所有人都更加充沛的活力。

在课程上,孔老师反复强调汤姆老师的身体状况欠佳,需要服用大量药物。我也注意到汤姆老师的手臂上有一些瘀斑,隐隐有些担心。更加令人意外的是,课程结束后不到半个月,就传来了汤姆老师进行膀胱癌手术的消息。胡晓宇老师还透露,汤姆老师在给我们上课期间一直在出血。得知这些消息后,我不禁潸然泪下,被汤姆老师这种乐观坚强的精神感动,也深切感受到如胡晓宇老师所说,我们是幸运的,这份幸运源自汤姆老师的敬业、毅力和使命感。

通过课程的学习,我对催眠有了一些了解,这里分享一些课堂上的笔记。

1. 催眠是一种神经科学,是通过降低脑波频率,让人进入身体放松、高度专注而又容易接受指令的状态。

2. 催眠是来访者在催眠师的引导下,进入高接收状态。催眠的深度和效果是由来访者自己控制的。

EEG 脑波仪是课程中让我最为震撼的,它能把大脑的活动非常直观地呈现出来,为心理工作提供准确的参考,现场对孩子玩魔方时的脑波测试清晰地显示,专注状态下的脑波状态与催眠状态下的脑波状态完全一致。

04 实践之路

学成归来，几个学生分别按照预约时间来到学校心理健康中心，我对他们使用的共同方法如下。

1. 向他们展示了处于催眠状态下和玩魔方状态下的脑波视频，让他们了解进入专注状态的脑波情况，以便更好地接受接下来的催眠练习。

2. 进行渐进式肌肉放松练习，让他们体会从头顶到脚趾尖的所有肌肉和神经都放松下来的感觉。

之后，针对不同学生的情况，进行针对性的引导。例如，其中一位高三的男同学，选择的高考组合是历史、政治、地理，即传统意义上的文科组合。在访谈中，他描述自己感觉进入高考复习阶段，除了一些需要写字的作业之外，在进行以记忆为主的学习时，常常因为走神，大脑陷入空白状态。当自己回过神来，时间已经过去了很久，却什么也没有记住。我问他期待自己在进行以记忆为主的学习时，是什么样的状态，并让他写下来。随后，应用双手贴脸的技术引导他进入全身放松的高接收状态，让他用第一人称告诉自己，每当开始进行记忆类的复习时，就会呈现自己期待的那种状态。在唤醒后的交流中，他很兴奋地告诉我，他非常真实地感受到了那种状态，脸上充满了喜悦。

虽然我刚开始进行实践，还处于一个走流程的阶段，但我相信汤姆老师说的"很多人都因为学习了这个技术，实现了他们的目标"，也相信自己能够帮助学生实现他们的目标。

催眠"小白"正在坚定不移地走在应用催眠技术、成为催眠大师的路上。

催眠"小白"正在坚定不移地走在应用催眠技术、成为催眠大师的路上。

焦虑妈妈如何成为
为孩子人生助力的催眠师

罗 欣

学习动力提升专家
科学催眠提分导师
美国临床催眠委员会（USBCH）认证科学催眠师

"罗欣，你们家几个姐妹里，你最勤奋、爱学习，是你们家南瓜藤上最大的那个瓜，我看好你！"多少年来，我一直记得初中政治老师李老师的话。作为农村山沟沟里出生的一个"70后"，我后来考入一所中专学校。李老师的正向催眠让我在未来几十年都持续努力学习，真的是人生处处有催眠。

2001年，我放弃在县城薪资排前三的县医院上班的机会，去北京闯荡。我学习优秀伙伴的做法，每周去北京市图书馆借书阅读。2004年，我辞去院长助理的工作，担任销售绿植的店长。从2006年到2013年，我当淘宝店主，把三款产品做成淘宝长销品前三名。从2013年至今的2次创业，我都获得了市场、客户和合作伙伴的认可。我坚定地相信，学习是成长的最佳路径。

在只注重自己学习的情况下，我对孩子的教育陷入瓶颈，遇到了前所未有的挑战。儿子在玩玩学学中度过了小学时期，进入中学后，儿子慢慢地出现作业做不完的情况，经常做到晚上12点，甚至凌晨2点。因为实在完成不了作业，儿子老被点名，要求请家长，甚至被要求回家做完作业再回学校。儿子这样持续地晚睡，没时间运动，精神十分疲惫。他很多次跟我说："妈妈，我觉得好累。"听着孩子的话，我是极其难受的，于是我加倍努力去学习家庭教育。孩子上七年级、八年级这两年，是我周末上线下课最多的时候。然而，我终究还是没参透，学归学，做归做，我的焦虑无形中影响到了孩子，以至于八年级下学期，儿子出现3次以上作业本丢失、试卷消失的情况。当时我深信是搞丢了，后来才知道，其实是儿子真的扛不住，在逃避了。虽然我没责怪孩子一句，然而我的焦虑是无形的刀，伤到了孩子。我和先生商量时，都有了给他转学的念头，但是因为没门路，无法转学，而且转学也会带来很多未知的问题，我忧愁不已。

后面发生的事情,更是我内心深处的痛。有一次因为做作业做到凌晨 2 点,儿子实在困倦,进入学校后没进自己教室,找到一个空教室,锁上门倒头就睡。班主任老师找不到人,我在回家路上找不到人,在校外的商场也找不到人,我联系商场总台广播播报寻人启事,并将儿子的照片投到屏幕上,我终于忍不住号啕大哭。这时候只想找到儿子,只要儿子回家,我别无所求,只要他在就好,健康平安就好。班主任老师寻遍学校各个角落,终于在那个空教室找到儿子,并让他回家。我见到儿子,假装冷静,实际心里有千言万语,但最终只跟儿子说:"儿子,不管发生什么,妈妈都在你身后。不管发生什么,都要跟老师讲,跟爸爸妈妈讲,好吗? 那样可以避免关心你的爸爸妈妈和老师担心你,到处找你,好吗?"然后给他做了一顿美食。我很想再做点什么,但感觉自己什么也做不了,深深的无力感困扰着我。这事让我深刻反省,思考如何帮助孩子走出困局,从行动上帮到孩子。于是我开始到处寻求解决的方案,只要孩子健康,并顺利地完成学业。

我在网上搜到科学催眠,请李老师给儿子做了 5 次远程催眠,儿子的学习状况日趋平稳,他还参与家庭教育线下课程的实践,最终考上成都排名前 7 的公立高中石室中学北湖校区。中考结束后的假期,儿子开始了乒乓球的训练,准备开启阳光快乐的高中之旅。

看着儿子的状态越来越好,为了避免重蹈覆辙,我下定决心更好地帮助孩子。与其请老师帮忙,不如我自己就成为老师,持续帮助孩子。通过对比分析全国各种催眠培训,深思熟虑后,我决定学习科学催眠。

从 2023 年的五一到当年 12 月,我累计参加了 3 次线下培训以及多次线上学习。

这里不得不聊一下第一次线下课。孔老师特别强调,我们的培训和别的培训不一样,是能让我们每个人都拿到成果的培训。宾馆同住一间房的严老师跟别人说:"罗欣在回房间的路上时在背,上厕所时在背,洗澡时在背,躺床上时在背,睡着了说的梦话也都是催眠词。"能够让我这么全力以赴地参与其中,正是因为课堂上浓厚的学习氛围,同学们相互助力和带动,大家有一个共同目标:拿到结果,从催眠的学习者、爱好者成为实践者、实操者。我深深体会到:一个人可以走得很快,一群人可以走得很远。

回成都后,我软硬兼施,和儿子达成每周一次催眠的约定。学过催眠的人都知道,被催眠者越是信任催眠师,科学催眠的效果越好。而催眠自己的孩子,最大的问题就是信任。在孩子眼里,我是妈妈,不是催眠师。我从多角度思考后,决定先从练习技术开始。每天练 2 次,持续 2 个月,从念稿,到脱稿,再到熟练运用催眠技术,我深度贯彻催眠的理念,正向催眠孩子。慢慢地,儿子认可了我对他的催眠。

通过 5 月至今的催眠,儿子发生了很大的变化。

第一,儿子上初中时,写作业速度慢,多次完不成作业,被老师点名,被请家长或被要求回家做完作业再回校。高一时,他能正常完成作业。从高二起,更是每天有超过一个小时的自由时间来灵活安排查漏补缺。

第二,上初中时,儿子多次故意把作业手册藏起来,告诉我它丢了,让我不得不重新买。上高中时,他及时完成作业,还主动找语文老师、英语老师要学习资料,主动要我给他买补习资料。

第三,从以前的晚睡,不爱运动,到高中阶段在晚上 11 点前睡觉,参加每周校内自主安排的羽毛球、乒乓球训练,每月 1—3 次主动约同学打球。在家学习的休息时间,他也会拿起羽毛球拍,对着家里的镜子练习挥拍,成为实实在在的运动小子。

第四,以前上初中时的超重体型一直困扰着儿子。九年级体育测试时,为了达标,必须减体重,他硬是从体测的头一天晚上起就不吃不喝,忍着饿肚参加了体测。现在,他自己知道要科学饮食,注意荤素搭配,不再无肉不欢,也留意进食的热量。

第五,儿子的文化课排名。上初中时,全年级约有 260 人,儿子的排名在 100 名左右,班级排名是倒数第 5 名。在高一阶段,年级有 570 人左右,儿子年级排名第 100 名,班级排名第 40 名。高二上学期,年级排名前 40 名,班级排名前 20 名。

第六,初中阶段,儿子总是处于身体疲惫、精神不佳的状态,老师们见我就说:"你看他那个坐姿,蜷在座位上,就知道他没有真用功。"老师们还多次拍照发给我,我看了很着急。高中阶段,老师偶尔会发照片到群里,看到儿子笔挺地坐着,或向前微倾、专注听讲、用心学习,我很欣慰。

在我看来,事业的成功永远比不过家庭教育的成功。为了孩子的成长,我持续努力学习,自己成长了,也帮助了孩子。

方向不对,努力白费。在信息超载的时代,我们在对的方向上找到对的老师,是达到理想效果的前提,也是超越无数学习者的重要捷径。科学催眠让我找到了从知道到做到的最短距离;让我从学习者、爱好者,到真正的实操者、实践者、付出者,找到了帮助他人成长的快乐;让我从在孩子小学、初中阶段传递负能量给孩子的焦虑妈妈,成长为在孩子高中阶段只传递正能量,给孩子自信加分的阳光妈妈;从以前出现问题时总说"都是你的问题",到现在凡事找自己的原因,认为"我是一切的根源";从平时只管自家门前雪到现在乐意为有缘朋友们答疑解惑的"中国好邻居"。

孩子的现在是父母过去催眠的结果，孩子的未来是父母现在催眠的结果。很庆幸，我在对的方向上，通过努力突破自己，解决了一系列很多家庭会遇到的问题，我将持续努力突破，把世界上先进的催眠技术带进中国，让中国催眠行业同步于世界！如果你和我有类似或同样的经历，欢迎与我沟通、探讨、共同进步。

孩子的现在是父母过去催眠的结果，孩子的未来是父母现在催眠的结果。

科学催眠改变了
我的人生脚本

王桂娟

科学催眠专注力催眠师，国家二级心理咨询师
山东建筑大学积极心理学教授
美国临床催眠委员会（USBCH）认证科学催眠师

亲爱的读者,你好!相信当你读到这里时,你已经对科学催眠有了很多的了解,但是当你读到此标题的时候,也许会有一个疑问,那就是何谓人生脚本?何谓科学催眠能够改变一个人的人生脚本呢?你不妨静下心来,细细品味。

我是山东某高校的一名工科教师,工作20多年以来,回想过去每天按部就班地备课、讲课,面对的都是18—22岁的年轻人,校园里年复一年的送老迎新工作让我陷入思考:为什么每一位新生朝气蓬勃,脸上洋溢着笑容,那期盼的眼神、稚嫩的语气,让整个人看上去充满希望;而到了毕业时,有些毕业生却失落无助,觉得前途迷茫,当然也有踌躇满志的、有目标、有方向的优秀学子,但相对来说比较少。最痛心的是每一年都会出现一些有心理障碍的同学,能够修完学分、正常毕业就已经很不错了。随着一年年送走一批批走向新的人生旅程的年轻人,老师们也一边退休,一边迎接新教师。我即将跨过退休离校的关口,觉得自己即将被社会淘汰,悲凉感油然而生,开始思考人生的意义是什么。

现状让我反思,在工作期间,我做了什么有意义的工作吗?面对有些同学的厌学状态,面对有些同学毫无目标的迷茫面孔,我好像仅仅是传授知识的工具,对他们束手无策。当他们求助时,无论你说什么,都感觉走不到他们的内心里。我开始反思做什么才能帮助到这些想要变好又控制不了自己的年轻人,这才是有意义的事。

我开始在一些机构学习,并在2019年考取了心理咨询师证书,对心理学有了初步认识,继而阅读了国内外大量的心理学图书,感觉心理学应该可以帮助大学生找到人生的方向。后来我又学习了五花八门的心理学,比如认知心理学、积极心理学、心学心理学、自明心理学等等。经由心理学的学习,我已经发生了很多改变,看待问题的视角不同了。

2021 年，我申请了讲授学校的公选课程"积极心理学实操"。在课堂上，我把学到的一些技能，比如 NLP 技术、释放情绪的一些方法，都分享给同学们，同学反馈受益很大。然而，在和个别同学互动时，我发现，仅靠心理学的一点知识，还是很难达成我的愿望，有时候经过长时间的咨询，有同学觉得有收获，可是没过多久，该同学又被打回原形。

我意识到了潜意识的重要性，学习了一些催眠技术。在学习过程中，我深刻意识到，催眠并不是人们想象中的"魔术"或"神秘术"，它实际上是一种基于科学原理的心理干预手段。通过系统的学习和实践，我逐渐掌握了催眠的基本理论、技术和应用方法，认识到催眠的作用原理在于与潜意识的深度沟通，从而改变个体的思维模式和行为习惯，只是我用起来依然有很多不适。

后来，机缘巧合，我遇到了恩师孔德方老师。孔德方老师是国际催眠大师汤姆·史立福的中国合伙人，是科学催眠的领军人。遇到了科学催眠，从此，我的人生才发生了彻底的改变。接触科学催眠后，我几乎把所有精力都用到技术的钻研上，只要有机会就练习，从技法到心法，不断地和同行切磋训练。训练真的使人成为大师！这也是我后来能够做出成果的基础。

催眠技术可以帮助学生缓解压力、集中注意力、增强自信心等，这无疑有利于我的教育教学工作。学习了科学催眠，我对自己的角色又有了新的认识，我每天都充满了对新鲜事物的期待。帮助更多年轻人脱离困境，成了我人生必不可少的课题，也是我的使命所在。通常意义上的退休，是结束工作，安度晚年，可是，我想说，科学催眠给我插上了翅膀，即便退休，每一天依然是新生命的开始，我热爱生活！

科学催眠改变了我的人生脚本,改变了我的人生计划,我未来的每一天都将用生命唤醒生命。从此,无论是在心理学的课堂上,还是在专业课的课堂上,只要有机会,我就使用汤姆·史立福老师的快速催眠技术,哪怕是几分钟的集体催眠,催眠帮助了同学们,改善了课堂学习氛围,提高了学习效率。特别是在大学生心理活动中心,以往的心理咨询方法无法满足同学们的需求,催眠技术却让很多同学受益匪浅,所以我的咨询排期总是满满的。在学校组织的教师心理调适活动中,我会给身心疲惫的老师们做集体催眠,他们会给我积极的反馈。我异常兴奋,感觉自己的价值有所体现,人生的意义不就是如此吗?我的内心无比满足,科学催眠让我找到了人生的方向!

在过去几年里,利用科学催眠,我不仅在大学里帮助老师和同学们,还帮助了很多初高中的学生,快速清理负面情绪,建立自信心,为他们的学习助力。

通过对催眠的深入学习和大量个案的实践,我取得了显著的成绩。这些成绩不仅体现在个人的职业发展和成长上,更体现在我通过催眠技术帮助许多人解决了心理问题。

下面给各位分享我的真实个案。

01 个案一:高三女孩数学成绩逆袭

这个女孩的妈妈是我的好友,对我极其信任,加上我大学老师的身份,孩子也对我格外信任,所以信任关系的建立就比较顺畅。信任关系是催眠是否成功的关键,当来访者信任催眠师时,就比较容易穿过批判区,进入催眠状态,每次催眠都会达到一种高暗示感受性状态。她在高二下学期开始了催眠之旅，一开始每门成绩都平平，特别是数学，经常在 34—40 分之间徘徊，英语稍微好一些，副科一塌糊涂。我了解了原因，是她中考失利，进了一所并不理想的高中，家长一直告诉孩子，暂时在这里学习，以后换学校，就这样一直到高二也没有转去好学校。孩子上高一的一年里，没有全身心投入学习，期待去好的学校，觉得在目前的高中很难考上大学。

我接到这个个案以后，首先在她的认知上做了调整，让她看到环境不是唯一的决定因素，让她对学校有了好感，同时就和老师的关系、和同学的关系都做了认知调整，并加上催眠暗示，从知道到做到。催眠中，提供积极的暗示，还使用心灵银行。在经过 13 次催眠后，已经过了一个暑假。10 月份的月考，她的数学考了 86 分，这样的好成绩是高中两年来的第一次。到元旦的一次月考，她的数学成绩基本稳定在 95 分左右，直至 6 月份高考，她的数学考出了 115 分的好成绩。催眠不仅可以提分，更重要的是能让孩子的心态积极乐观，情绪稳定。

02 个案二：九年级男孩从嗜睡中醒来

一个九年级男孩，学习刻苦，是很有目标的孩子，学习成绩也很优秀，但由于学习过于刻苦，还有一个月中考时，他突然很疲倦，每天睡到下午两点，头脑昏沉，无法继续学习，被医生诊断为嗜睡症。休学以后，他从 7 月末开始做催眠训练，做了 8 次以后，家长带孩子去医院检查，停了治疗嗜睡的药物。9 月，孩子回到学校正常上课。到 10 月，孩子除了周末睡到很晚起床，其他时间都正常起居学习。孩子说，现在的睡眠和以前不同了。

03 个案三:大四学生全国大学英语六级考试逆袭

一个大四学生,考过了全国大学英语四级考试以后,一直在准备六级考试,可是每次都差一点考过。这让他很困惑,也很有压力,因为如果无法考过英语六级,他的考研之路将会很难。

他是 3 月末开始催眠的,大概做了 11 次催眠,6 月份参加六级考试。考完以后,他说考试状态极佳,考试最后时间很紧张时,他依然能够很镇定地做完试卷。8 月末出成绩,他考了 449 分,超出分数线 24 分,他非常开心。

催眠作为一门科学和艺术,既是一种自我探索和成长的工具,也是帮助他人实现心理健康与自我发展的强大手段。接下来的日子里,我会把精力集中于提升学生的记忆力、专注力,解决偏科和厌学,减少考试焦虑,疏导抑郁、焦虑情绪。未来,我将继续深耕于这一领域,并将催眠与更多的人分享,帮助他们实现自己的目标与梦想。

科学催眠就这样神奇地改变了我的人生轨迹,改变了我的人生脚本。我希望通过催眠技术传递爱与热情,激发人们内心的潜能,让每个人都能活得更加自信和充实,身心合一,让每一个家庭充满开心和喜悦。

科学催眠给我插上了翅膀，即便退休，每一天依然是新生命的开始，我热爱生活！

从恐惧到坚定，

用内在智慧重塑人生

王俊鹏

科学催眠师，自然教育老师
多伦多正念研究中心正念认知师资
美国临床催眠委员会（USBCH）认证科学催眠师

01 学习催眠之前

在我七岁的时候，因为在一部漫画里看到恐怖的画面，晚上睡不着觉，不知怎么的就想到了死亡，想到如果我现在就死了，明天这个世界照样正常运行，那我活着的意义是什么？这个问题一直困扰着我。后来我希望通过文学创作来让更多人记住我，让世界因为我而不一样。

我时断时续地写。2018 年，我入选上苑艺术馆的驻留诗人，和不同领域的艺术家一起生活、交流和创作。艺术创作很强调个性，我天生关注内心世界多于外部世界，对于心里的情绪、感受、想法很敏感。我常常活在头脑里的那些情绪和想法中，而不是现实中。那时的我，觉得那些情绪与想法更重要，觉得那就是精神世界。

为了写作，我比之前更深入地探索那些情绪和想法，以及许多在心里一闪而过的意象。我使用荣格心理学里的积极想象技术，感受意象的变化，之后再把感受到的东西记录下来。我发现使用这个方法时，放松身体很关键。经过多次练习，我甚至能做到让身体像睡着了那样几乎完全放松下来，而意识却是清醒的，整个人躺一会就像午睡了一样，精神饱满。后来我才知道，这实际上也是一种自我催眠，只不过我是引导自己进入催眠状态后读取潜意识的信息，而不是给潜意识植入暗示。用这样的方法，我写出了不少在正常状态下不可能写出来的文字，我也用这样的方法来探索和分析自己的梦。

一次偶然的机会，我近距离观看了一场心灵魔术表演，我大受震撼。不得不说，这个表演非常酷炫。魔术师本想通过表演卖他的课程，然而我在震撼与好奇之余，走向了另一个方向。我了解到心灵魔术里有许多暗示与 NLP 技术，由此想到，生活中的暗示无处不在，我们极有可能毫不知情地就被植入了暗示，从而受到影响。在这种情况下，那些我们以为的自己的想法，其实并不是自己的想法，而是受到了外界的暗示。而外界的暗示，有时是刻意的，有时是不经意的，可能连暗示者本人都没有注意到自己实施了暗示。也就是说，他人的某些行为，可能是故意或不经意的，会影响我们的潜意识，但我们并不会察觉到。在这种情况下所作出的思考与决定，意识上以为是自己想要的，但其实是受到了外界的影响。

我陷入怀疑中：那些我之前如此看重的想法和情绪，也许根基并不是那么稳固。这种怀疑促使我开始学习正念冥想和催眠，先后参加过不同体系的古典正念禅修营，也学习过现代的正念认知疗法（MBCT），并跟随孔德方老师学习科学催眠，成为一位正念老师和催眠师。

02 催眠与正念对我的帮助

在这个探索真实自我的旅程中，我用催眠看清了很多社会与生活中的事件，看清不少自身经历的事件在潜意识中留下的意象。我看到童年害怕死亡的自己，如今是怎么样活在我的体内，我并没有处理好这一部分。我不能简单地说这是好还是不好，也不是说要去克服这一部分，因为这种恐惧所带来的并非都是负面的影响，这个害怕死亡的自己也给了我许多学习和成长的动力。我需要看到、觉察到，在不同场合以更好的方式来照顾好害怕死亡的自己。催眠帮助我理解这个内在小孩恐惧的根源，而正念则帮助我察觉与照顾他。

关于催眠和正念之间的关系，有许多方面可以互相比较和探讨，在此并不展开，我只讲讲这两者在我身上所起的作用。

正念中包含着对"自我"的解构，不把想法、情绪等看作"我的"，而催眠则更多地帮我从潜意识中提取智慧，例如在创作的时候，我不再执着于要表达"自我"，而是更留意内心中涌现的一切。当我不再执着于要表达"自我"时，我感受到内心真正敞开，不同的写作片段之间可以产生有创意的连接。我把这个经验带入我开发设计的正念书写课中，通过书写来帮助学员探索自我、疗愈自我。我教他们写诗，告诉他们可以以开放的态度，让一首诗成为它自己，而不是成为我们表达自己的工具。当我们这样做时，那个紧缩的自我，那个被过去经验束缚的自我开始活动，更多被忽略的感受才会涌现。

03 应用催眠帮助他人

很多人对催眠有误解，比如认为催眠是让人睡觉，对人进行精神操控等等，还有人觉得催眠是用来窥视潜意识的技术，所以有些人过来找我催眠，是在面对选择时，不知道怎么选，害怕作出未来会后悔的抉择，于是想通过潜意识找到答案。比如，有一次，一位癌症复发的女士过来找我，她既要照顾家庭，又要面对疾病。面对自身疾病时，她的心理波动很大，有时想放弃治疗，有时求生欲被莫名其妙地激发。各种想法不断翻腾，一时想这样，一时想那样，她心力交瘁，说想知道自己究竟想怎么样。

我能感受到她处于无力应对的状态，所以她才想着把一切都交给潜意识。她疲于应对各种想法和现实事件，已经无力作出决定了。在催眠前谈话中，我告诉她，并不是所有来自潜意识的想法都是值得信任的。潜意识有时候像个任性的孩子，有时候像个智慧的老人，我们需要辨别潜意识的状态。对"孩子"，需要照顾、哄；对"智慧老人"，则可以聆听、顺从。我们需要做的是让意识和潜意识协调一致，让它们互相配合，发挥最大的作用。如果完全听从意识，那就会陷入严重的"我执"状态；如果完全听从潜意识，那和动物就没什么区别了。如果只要潜意识就够了，那我们为何要有意识呢？所以，意识和潜意识之间的协作才是重点，而不是一方屈从于另一方。因此，我们可以试一试通过催眠来连接意识和潜意识，让它们好好交流沟通一番，而不再处于对抗状态。

她似懂非懂地点头，我知道她的心理处于所谓的"超载"状态，再加上我的催眠前谈话，根据我的经验，很容易就能把她带入催眠状态。

果然，我仅仅按照科学催眠的标准流程走了一遍，其中并没有刻意加入什么积极的暗示，因为她的原话是"想了解的是自己真实的想法"，而不是用一个积极的想法来改变她，并且我相信她的内在世界会以自己的方式给她答案与支持。催眠结束后，她满脸喜悦，笑容灿烂，她说终于看清并理解了自己，她会继续积极接受治疗，充满希望地生活下去。如今她已克服了复发的癌症，积极地生活着。类似这样的来访者有很多，他们来的时候，往往满脸困惑、情绪低落，而在催眠之后，眼神里多了坚定，甚至喜悦。

04 催眠与个人成长

在我专注于个人成长的旅途中，我深刻地体验到身心探索的广度和深度。这段旅程让我渐渐认识到，通过正念和催眠，我能够帮助他人实现身心的协调，让他们更好地活出精彩。

　　我与许多人相遇，发现他们有着各种各样的困扰。为了摆脱这些困扰，他们学习了大量的理论和方法，然而很多时候，这些方法难以落地，难以令人在实际生活中产生实质性的变化。

　　通过催眠和正念，我自己经历了积极的转变，更好地理解了自己的内在力量和潜能。我深信，通过分享我的故事和经验，我能够启发他人，让他们在个人成长的道路上得到更多启示。

意识和潜意识之间的协作才是重点，而不是一方屈从于另一方。

科学催眠，

人生逆袭的利器

闫泓锦

学习动力提升专家
科学催眠提分导师
美国临床催眠委员会（USBCH）认证科学催眠师

您可能是第一次听说科学催眠或者第一次想深入了解科学催眠。我敢打赌，当您真正了解了科学催眠后，您一定会爱上它！

科学催眠就是让人进入头脑很专注、身体很放松的状态，它的特点是时间短、见效快。谁掌握了它，谁就拿到了让人改变的秘密武器。

接下来，我用自己和孩子们的故事，为您推开科学催眠之门。

01 高考，我心中往日的痛

可能每个人都有一段刻骨铭心的记忆，或悲伤，或喜悦，或痛苦，或欢乐。那一年，我以优异的成绩考上全市最好的高中，带着对未来的美好憧憬，我满怀期待，准备在新的起点上扬帆远航。然而理想如星辰大海，现实却像泥土砂砾。从小学业出色的我在这个汇聚了全市顶尖学生的学校里，失去了往日的优势，自卑的幼苗开始在心里生根发芽。那个年代，大学的录取率很低，即使在最好的高中，也有一部分学生会考不上大学。在这种激烈的竞争和书海题海的重压下，焦虑如影随形。

我感觉自己每天很努力，可考试的成绩却达不到预期。这种窘境带来了迷茫和无力感。这些感受加重了我的焦虑，一到考试就心乱手抖，什么都想不起来。

可想而知，我在这种状态下，高考发挥失常，最终只考上一所普通得不能再普通的学校。理想和现实相差甚远，这给了我沉重的打击。从此，"高考"这个词在我心里埋下了一根刺，这根刺让我在此后多年，虽已不再参加高考，但每到高考那几天，我的心都会隐隐刺痛。这种感觉里有自责、有紧张、有遗憾，还有不甘。

02 点亮，重拾力量的灯

我的经历使我能感同身受地理解在学海中苦苦挣扎的孩子们，我经常会思考，怎么样才能让刻骨铭心的痛不附加到他们身上。我想为他们做些什么，但我不知道能为他们做些什么。直到在 2016 年的某一天，我看到了一篇某高中生不堪重压做出极端行为的报道，它让我想起了那根埋在我心中多年的刺，焦虑、迷茫的感觉再次涌上心头。那一刻，我知道了我要的是什么。**我想成为一盏灯，想用有限的光照亮那些挣扎在无力、无助、无望中的孩子前行的路，也希望打开自己的心门，重拾力量的灯。**

03 机缘，遇见孔德方老师

我开始寻找途径，从成功学的积极策略到心理学的深刻洞见，各种技术学了不少，但我仍然没有自信能够帮助这些孩子，尤其是当我使出了浑身解数帮孩子们解决问题却没有达到预期时，我甚至想过放弃这条路。在这条助人助己的道路上，我迷茫过、失望过，也退缩过，直到我遇到了科学催眠，遇到了孔德方老师——科学催眠领军人。他的志向——"把世界最先进的催眠技术带进中国，让中国催眠行业同步于世界"深深地感染了我，让我下定决心跟孔老师学习。让我意想不到的是，当我第一次开始实践的时候，只用一套 HMI 科学催眠流程，竟然轻松地把一个学生带进了催眠状态。现在回忆起那次催眠"首秀"，虽有很多瑕疵，但秉承先完成再完美的理念，竟然成功了，这让我自信大增。

多年后的今天，我庆幸在众多的心理技术中最终选择催眠技术，更庆幸在众多的催眠导师中选择师从孔老师。经过几年的努力，我做催眠个案的有效率达到 92％以上。我明白了，人生的成功并不完全取决于勤奋努力，还取决于明智的选择。从此，我的助人助己之路越走越宽，越走越长。

04 催眠，快速有效的提分利器

学生最宝贵的是时间，节省时间使科学催眠变得格外有优势。它能用最短的时间，帮助学生最大化地解决问题，还能让学生在有限的时间内最大化地发挥个人潜能，提高学习效率和改善精神状态。通过催眠训练，增强自信和学习动力，加强心理韧性，提升专注力和记忆力，从而提高学习成绩。

在我做过的众多案例中，最让我骄傲的是通过催眠 3 个月，成绩排名提升 366 名的这个案例。一名七年级的男生非常厌恶学习，上课听不进去，经常发脾气，熬夜玩手机。经过 13 次催眠训练，他消除了对手机的依赖，专注力变得极强，学习效率极高，学习兴趣和学习动力极大提升，同时情绪也变得稳定了。最终用了 3 个月的时间，他的考试成绩在年级的排名提升了 366 名。

类似的案例还有很多，比如：

一个女孩长期失眠多梦，想睡可就是睡不着，白天没精神，脑袋总是不清醒，学习效率极低。经催眠后，她说晚上 10 点多钟就困得不行，必须睡觉，白天特别有精神，注意力集中了，学习效率提高了，成绩突飞猛进，年级排名提升了 100 多名。

一名高中女生特别容易受外界的干扰，周围的同学小声说话，她就无心听讲。经过催眠调整后，她可以做到心无杂念，专心学习。

一名九年级男生，志向远大，但不愿付出努力，他为自己的言行不一而苦恼，他说："不是我不想，而是我想努力，可是做不到。"经过10次催眠，他的学习动力极大增强，对学习充满了兴趣，最后考上了当地最好的高中。

一名八年级女生，她总觉得同学们在排挤她，看她的眼神也不友善，这让她情绪很低落，在学校如坐针毡，甚至不想去上学。经过8次催眠，她感觉上课的专注力提高了，自己的心态也发生了一些变化，之前觉得很过分的人或事，现在回想起来觉得没那么纠结了，她也变得快乐了。

成功案例比比皆是，这证明了催眠在挖掘人的潜能方面具有不可比拟的作用。

在催眠训练中，我会总结孩子们的过往成功经验，让愉悦、自信的感觉与学习产生联系，激发孩子面对困难的信心和勇气；我会和孩子们沟通每天的自我催眠暗示语，进行睡前和睡醒时的自我催眠，增强自信；我会教他们通过书写心灵银行账本，解决偏科问题；考前通过催眠训练减压，让孩子轻松自信应对考试，做到正常甚至超常发挥！

05 催眠，顽固坏习惯的克星

几乎每个人都有想要改掉的坏习惯，很多人想改却改不了，他们的借口是"都这么多年的习惯了，根本改不了"。真的改变不了吗？**坏习惯是后天养成的，既然可以从无到有，那么一定有办法从有到无。**在个案中，我经常听到的一些话就是"我也不想发脾气，但我控制不住自己"，"我也想放下手机，但就是放不下"。发脾气也好，玩手机也罢，都是一种习惯，既然是习惯，就是可以改变的。

那么，怎么改变呢？就是要改变潜意识。任何情绪、习惯、行为都是潜意识层面的。意识上虽然想做到不发脾气或不玩手机，可是意识的力量太小了，只占整个心智系统的 12％，而潜意识的力量却占 88％，胳膊怎能拧过大腿呀！虽然意识上知道，但身体是潜意识的显示器，潜意识做不到，身体自然就做不到，也就无法产生行动，所以，要想改变习惯就一定要改变潜意识里的程序。在催眠状态下，破除旧的负向的"定义→联系→反应"模式，重新建立新的正向的"定义→联系→反应"模式。潜意识改变了，行为自然就改变了。

一名高二的男生长期沉迷于玩手机，脾气暴躁，与他妈妈的关系非常紧张。我与他深入沟通后，在认知上给他做了调整，同时进行了 10 次催眠训练，他终于不再被手机所控制，能做到主动放下手机，自如地掌控自己的时间。同时，减压效果也非常显著，情绪随之好转，学习成绩有了大幅提升。他的妈妈针对焦虑急躁的情绪也做了 5 次催眠，移除了很多不良情绪，身体越来越放松，同时学会了正确表达，改变过去指责、批评、纠错的负向沟通模式，转变为鼓励、欣赏、肯定的正向教育模式。妈妈的情绪渐渐稳定下来，孩子也变得越来越自信，母子关系开始变好。

经常有家长问我，你有什么"魔力"，让孩子像变了一个人一样？哪有什么"魔力"，我就是用科学催眠的方式让孩子的内在发生改变，让他更加相信自己的力量！

这些年来，我在帮助别人的同时，也把催眠技术用在自己身上，定期进行自我催眠。同时，每天书写心灵银行账本，双管齐下，埋在我心中多年的那根刺已被完全拔出，内心重获自由。

科学催眠是一门真正改变命运的科学。几年的潜心运用，让我见证了科学催眠创造的奇迹，实践表明这是改变一个人最快速、最有效的方法之一。

未来，我将致力于传播科学催眠，将催眠技术融入家庭教育，带着更多人一起用生命影响生命！

科学催眠，未来可期！

科学催眠就是让人进入头脑很专注、身体很放松的状态，它的特点是时间短、见效快。

汤姆·史立福老师

翻译的独特观察

郭晓云

国际科学催眠大师汤姆·史立福翻译
世界500强企业原猎头顾问
孔德方老师多本科学催眠畅销书合译者

学催眠之前，我曾担任某世界 500 强企业的猎头顾问。十年前，我离职了，开始一段自我探索的旅程。因为对心理学感兴趣，我考了心理咨询师资格证书，然而，怎么应用所学帮助他人呢？

离职后，没有了职场的压力，少了很多压力和焦虑，但随之而来的是自我重新定位的问题以及内心深处那份渴望：帮助像我一样缺少原生家庭支持、在社会上挣扎的人们。

2015 年，我成为孔德方老师翻译团队的一员，参与翻译了"科学催眠进化史""科学催眠绝密手册"等众多内部资料，后来上了孔德方老师和汤姆·史立福老师的线下催眠课程。从 2023 年开始，我有幸为汤姆·史立福老师做线下课现场翻译，学习催眠的历史和前沿技术，领略大师的风采，发现催眠大师行云流水般的技术背后所蕴含的热爱和对细节的把握。

我何其有幸能够遇到科学催眠，并获得和汤姆·史立福老师一起工作的机会，希望能将我眼里的催眠及其优势分享给大家。

催眠发展到今天，已经越来越多地被应用在医学、教育领域。

相比其他工具，催眠的优势显著。

首先，催眠师能够接触到来访者的潜意识。

我们的大脑和身体一样重要，甚至精神的力量可以超越肉体。

如果我们的潜意识专注于发展自我，让自己变得更好，从而有能力帮助他人，为社会做贡献，那我们努力的方向就从外在转向了内在。

如果我们了解自己的喜好，选择适合自己的赛道，那我们就能调动潜能，在社会上找到自己的一席之地，通过工作服务他人。

如果我们的意识和潜意识能够方向一致，我们就不会活得拧巴，不会做的和想的不一致，内心也不会痛苦。

通过催眠，我们可以了解潜意识里真正的需求，比如，对于想戒烟却总也戒不掉的人，在他的潜意识里，吸烟带给他放松的感觉。如果催眠师了解来访者真正的需求，就可以帮助他找到其他放松的方式，满足他的需求，而不必采用吸烟这样有害的方式。

催眠的另一个优势是可以快速建立起催眠师和来访者之间的信任。

所有的心理治疗其实都是自我疗愈，只不过可以借助咨询师的指导和帮助。来访者就是因为不能做出改变才来寻求帮助的，然而将自己的问题暴露在陌生人面前是需要勇气的，甚至很多时候来访者不知道自己的问题在哪里。催眠师通过引导来访者专注于潜意识，了解自己的情绪和内心真正的需求，从而让来访者走上自我疗愈的道路。

我曾经在一个沙龙活动上结识了一个小妹妹。她听说我会催眠，非常想体验一下，我们就趁中午休息的时间进行体验。我并未引导她回忆负面经历，而是带她回忆最近一段快乐的时光。她向我描述最近和男朋友一起出游的经历，并流下了眼泪。因为她身体不好，所以男方家人反对，两人刚刚分手。从催眠状态中出来后，她表达了对我的感谢。虽然分手很痛苦，但也有甜蜜的恋爱时光。她回忆过去，释放了情绪，了解了自己的不舍，抚慰了受伤的心灵。虽然无法解决她的问题，但我相信通过催眠，她能看到自己的内心，以后能更好地爱自己。

催眠的第三个优势是效果显著。 因为催眠利用了强大的潜意识，而潜意识是可以训练的。

我们的记忆、情绪、习惯都存储在潜意识里，可悲的是，很多人不知道怎么利用潜意识和训练潜意识。他们被动地接受装入潜意识里的东西,被负面情绪、负面事件所折磨,无法逃遁。

催眠首先让意识暂时休息,然后专注于潜意识。通过回顾过去的经历,找出问题所在。正如上文所述,很多时候仅仅靠看到,来访者就已经得到了疗愈,更何况催眠师还会引导来访者思考问题背后的真相,找到解决方案,让来访者学会重视自己的内心,了解自己的需求,通过正确的方式满足这些需求,从而达到身心的和谐。

我记得在 2023 年汤姆·史立福老师的线下课上,有一位学员上台体验催眠治疗。他本身是很有能力的,但是对他人的反馈过于敏感,常常因为别人的一句话而影响自己的心情。为此,他上了很多课程,并且尝试冥想,都未能有大的改变。汤姆·史立福老师先和他交谈,了解他的目标,并将目标具体化、形象化。在讲台上,我们将他导入催眠状态,在意识不去评判的情况下,我们进入他的潜意识,清除掉对他人负面反馈的反应,增强他对自己能力的信心和对情绪的掌控。催眠结束后,小伙子非常兴奋,他说一次催眠就解决了自己花了很多钱都没有解决的问题,对汤姆·史立福老师的感激之情溢于言表。

催眠不仅可以解决过去的问题,还可以塑造未来。现在很多学校里的心理老师都在应用催眠帮助要参加中高考的孩子们,通过每周一次的集体催眠或者一对一的催眠训练,帮助孩子了解自己的内心、自己真正的需求,从而为达成自己的目标而努力。

我曾经结合自己的工作经历,在高校举办过集体的职业规划催眠。导入催眠状态后,想象自己未来的样子:做什么工作?什么样的状态?掌握什么样的技能?通过脑海中的画面,体会未来的感受,同时通过催眠师的提示,不断细化画面和想要达成目标所需的步骤。通过视觉、言语,强化对未来的期许,同时又有具体的步骤,使目标可以实现。

那次集体催眠吸引了不少本科生、研究生、博士生，还有社会上的人参加。学生和职场"小白"很少有机会接触猎头，接触催眠。两个小时的催眠让大家有机会找到自己的方向，在潜意识里找到努力的动机。当然也有人没有收获，虽然我事先提醒大家不要睡着了，我们是来体验用催眠做职业规划的，但还是有人睡过去了，完全没有听到后面的引导，只能算是放松了一下吧。

作为汤姆·史立福老师的翻译，我有机会观看了汤姆·史立福老师大量的培训视频。我常常慨叹大师之所以成为大师，就是将自己热爱的事情做到极致。他将催眠分为三步：催眠前谈话，撰写心理处方，实施催眠。每一步都精心设计，体现了大师的关爱和认真。

心理处方其实是来访者自己开的。他只需要将每日灌输给自己的负面词语转换成积极正向的词语，然后借助催眠师的引导，在催眠状态下植入潜意识，并通过催眠后暗示不断巩固加深，借助潜意识的力量完成自我改变。

与其说催眠太神奇了，不如说我们的潜意识太有力量了。通过催眠，我们会了解我们的过去对我们的影响，了解潜意识的力量，学会利用潜意识过上健康快乐的生活。

愿所有痛苦中的人都有机会了解和学习催眠，运用催眠摆脱烦恼，成为更好的自己。

如果我们的意识和潜意识能够方向一致，我们就不会活得拧巴，不会做的和想的不一致，内心也不会痛苦。

后　记

很高兴有机会作为出品人，协助孔德方老师完成《催眠觉醒：突破自我局限》的出版。

我和孔德方老师是多年好友。他深耕催眠领域数十载，以其深厚的理论功底和丰富的实践经验，帮助无数人突破心理桎梏，重获身心自由。他之前已经翻译了多本关于催眠的佳作。

《催眠觉醒：突破自我局限》的珍贵在于创作者的真诚。孔德方老师与他的学员以通俗易懂的文字，将催眠的奥秘娓娓道来，既保留了学术的严谨性，又兼顾了大众的可读性。

催眠的魅力在于它直指人性的核心：**我们既是问题的制造者，也是答案的持有者。**

催眠是一门融合心理学、神经科学与哲学的技术。我们希望这本书能为迷茫者指明方向，为探索者提供工具，为专业从业者拓宽视野。

　　无论你是对催眠感到好奇的初学者，还是希望精进技术的专业人士，抑或单纯渴望改善生活的普通人，你都能从中获得启发。

　　我们希望改变传统出版物单向输出的现状，所以邀请所有的联合作者提供了微信二维码，这样读者可以直接添加好友，与感兴趣的作者进行交流，也欢迎大家和我交流读完本书的心得。如果你对本书有营销方面的建议、团购方面的需求，随时可以和我联系。

独立投资人

畅销书出品人

李海峰

2025 年 5 月 10 日